黄河上游典型区域底泥重金属的含量分析与风险评价

任 珺 陶 玲 尚 桢 郝建秀 编著

科 学 出 版 社
北 京

内 容 简 介

本书通过对我国黄河上游底泥重金属的野外现场调查和室内测定分析，利用多元统计分析和污染风险评价的方法，系统阐述了青海省、甘肃省、宁夏回族自治区和内蒙古自治区四个省（自治区）典型区域黄河底泥中重金属的空间分布、化学赋存形态、来源关系分析和环境风险评价。研究结果为黄河流域上游水体重金属污染现状和控制治理提供了基础数据和分析方法，具有一定的科学理论和实践应用价值。

本书适合于环境科学领域的政府工作人员、科研工作者、高校教师以及社会大众阅读和参考。

图书在版编目(CIP)数据

黄河上游典型区域底泥重金属的含量分析与风险评价 / 任珺等编著．—北京：科学出版社，2017.1

ISBN 978-7-03-050444-9

Ⅰ.①黄… Ⅱ.①任… Ⅲ.①黄河流域—上游—底泥—重金属污染—风险评价 Ⅳ.①TV152②X522

中国版本图书馆 CIP 数据核字（2016）第 264469 号

责任编辑：祝 洁 / 责任校对：郑金红

责任印制：徐晓晨 / 封面设计：迷底书装

科学出版社 出版

北京东黄城根北街 16 号

邮政编码：100717

http://www.sciencep.com

北京中石油彩色印刷有限责任公司 印刷

科学出版社发行 各地新华书店经销

*

2017 年 1 月第 一 版 开本：720×1000 1/16

2017 年 1 月第一次印刷 印张：7 1/8

字数：144 000

定价：70.00 元

（如有印装质量问题，我社负责调换）

前言

黄河流域地处东经96°～119°，北纬32°～42°，是我国第二大流域，发源于青藏高原巴颜喀拉山北麓，呈“几”字形，流经青海省、四川省、甘肃省、宁夏回族自治区、内蒙古自治区、陕西省、山西省、河南省及山东省9个省（自治区），最后在山东省黄河口镇汇入渤海。在中国历史上，黄河是中华民族的“母亲河”，是中华民族最主要的发源地之一，对沿河流域的人类文明具有很大的影响。黄河流域可以划分为上游、中游和下游，以河口镇与桃花峪为界限进行划分，黄河上游全长3472km，流域面积42.8万km^2，占黄河流域总面积的53.8%。黄河上游河段的平均比降为1‰，总的水流落差为3496m；大约43条较大的支流汇入其中，上游径流量较大，约54%，超过黄河流域总径流量的一半。近几十年来，黄河流域没有被彻底疏浚，大量重金属污染物直接排入黄河和相关水体环境。另外，产业结构和工业企业地区分布的不合理，以及化工、冶炼等行业工艺水平的相对落后，给黄河流域地区经济的快速发展带来了一系列的环境问题。黄河作为流域内生活及生产用水的重要来源，水体质量严重影响着社会的发展，因此研究黄河水质及其底泥的污染状况对生态环境保护具有重要的现实意义。

目前，我国已经提出并实施了新的保护自然生态环境的方法，但是由于工农业的快速发展，大量工矿企业产生的废水、城镇生活污水、农业用残余农药以及家畜的粪便随雨水经地表径流注入河川，致使河流水质、底泥及其周围地区生态系统仍然存在严重的重金属污染现象，因此黄河流域环境污染问题依然相当严峻。

河流底泥既能反映水体的水动力状态和污染程度，还能影响和制约水体质量及相关过程。重金属在自然界中分布广泛、来源较广且不容易被微生物降解，只能在环境中发生迁移，即在各种存在形态之间相互分散、转化和富集等。大量的重金属污染物质通过废水排放、大气沉降、雨水冲刷与淋溶等多种方式进入水体环境，经过各种过程之后，大多数沉积富集到底泥中。而当环境发生改变时，可能引起其他污染。因此，底泥沉积物是重金属污染物的源与汇。

本书共9章，分别对黄河上游四个省（自治区）（青海、甘肃、宁夏及内蒙古）典型地区底泥的8种重金属（Cu、Fe、Mn、Ni、Zn、Cr、Pb与Cd）的空间分布特征、化学赋存形态、环境风险评价进行了阐述。研究结果为进一步了解黄河底泥重金属的污染状况，控制与治理黄河水污染提供了科学依据。

由于作者才疏学浅，书中纰漏之处在所难免，恳请读者批评指正。

作　者

2016 年 5 月于兰州交通大学

目　　录

1 绪　论

1.1 底泥重金属污染来源

水是生命之源，是地球上一切生态环境存在的基础。人类的生存离不开水，水是人类生活和生产不可替代的宝贵资源。地球上水的循环可分为水的自然循环和水的社会循环。其中，河流是地球上水循环的重要路径，对全球物质、能量的传递与输送起着重要作用。随着人口增长和环境破坏，河水中含沙量逐渐增多，同时大量污染物也排入河流，在一定条件下会沉积到底泥中。泥沙对河流水环境质量会产生影响，泥沙是面源污染物进入水体的主要携带者，在高含沙水体中，污染物大部分被悬浮物和底泥吸附，在其没有被扰动的情况下，有利于改善水环境质量。但是，当底泥的化学、动力等外部条件发生改变时，底泥中的污染物会被重新释放出来再次进入水体，造成河流水体的二次污染（陈豪等，2014）。

重金属是指密度大于 $5g/cm^3$ 的金属，大约有 45 种存在于自然界中，但因重金属元素对各种生物的毒性不一、差别也较大，所以在生态环境研究中各国学者都比较关注 Cu、Hg、Zn、Ni、Cr、Mu、Pb、Co 和 Cd 等危害较大的重金属。这些重金属在水中不能被分解，且能与水中的其他有害物质结合生成毒性更大的有机物。目前，重金属污染主要表现在水污染中，随废水排出的重金属，会在藻类或底泥中累积，进而被鱼类吸收或贝类体表吸附，产生生物放大，从而造成公害。当人体直接或间接地摄取重金属元素且在人体中累积到一定程度，就会造成人体的慢性中毒（陈豪等，2014）。例如，日本发生的水俣病（汞污染）和骨痛病（镉污染）等公害病，都是由重金属污染引起的。

河道底泥是各种来源的营养物质，经河流一系列物理、化学及生化作用，沉积于河底，形成疏松状、富含有机质和营养盐的灰黑色淤泥（谢娟等，2012）。底泥系江、河、湖、海、库等水体底部表层沉积物质，它是矿物、土壤、岩石的自然侵蚀和废污水排出物沉积及生物活动、物质之间物理、化学反应等过程的产物（孙振军，2010）。河流底泥是河流水体的重要构成组分，它不仅可以为生物提供各种营养物质，还是毒性污染物的藏贮库。底泥可以分层，其中表面 0～15cm 厚的底泥称为表层底泥，超过 15cm 厚的底泥称为深层底泥。底泥在水体环境中具有特殊的重要性，一方面，底泥可以吸附水体中的污染物，降低水质污染程度，一旦条件发生变化，污染物会重新释放出来，进而影响上覆水体的水质；另一方面，流域中的水生生物可能受到底泥的毒害，通过生物富集、生物放大等过程，人类和陆地生物也会受到底泥重金属污染物的影响及危害（方盛荣等，2009）。

根据是否存在人为活动的影响，将河流底泥重金属的污染来源划分为自然来源与人为来源（邱鸿荣，2012）。其中，自然来源的重金属元素主要是由一些自然地理因素，如底泥土壤本身、岩石风化、地质构造、水动力及侵蚀作用等引起（邱鸿荣，2012）。人为来源的重金属元素主要是由农业、工业和交通等引起，它是生态环境污染极其重要的来源（刘永丽，2012）。通过对河流底泥中的重金属污染物进行全面分析研究，能够有针对性地提出治理污染的对策，预防水体的二次污染。

1.2 底泥重金属含量的影响因素

底泥中的重金属与上覆水体中的重金属在浓度上存在平衡关系。底泥中重金属含量的变化主要是由于悬浮颗粒物的吸附沉降和脱附溶解以及生物摄取重金属引起的。底泥沉积物中重金属含量的影响因素主要可分为内部因素和外部因素。

1.2.1 内部因素

1)底泥的组成成分

重金属在底泥中有着复杂的赋存形态、分布及迁移转化过程，这一现象的根本原因在于底泥中包含着大量的自然胶体，如黏土矿物、二氧化硅和活性金属水合氧化物等，它们对重金属有良好的吸附作用。如果其中的某一组分被去除，那么其吸附的重金属将会释放出来，同时对重金属的吸附贡献也将消失。此外，底泥中某一组分的相对含量不同，底泥对重金属吸附程度不同，底泥中某一组分对各重金属离子的活性不同，都会对重金属的吸附作用产生一定的影响（韩富涛，2014）。

2)底泥的粒度大小

底泥细颗粒的吸附絮凝作用是影响重金属富集的主要因素（赵一阳和鄢明才，1994）。粒度大小反映了底泥的表面自由能和比表面积、矿物组成成分、化学物理性质之间的差异性，主要影响着重金属元素的迁移、解析和吸附等（刘永丽，2012）。

3)底泥的泥水比

泥水比的增加，使底泥的再悬浮作用相应增强，底泥的再悬浮作用对水环境中重金属浓度具有重要的影响，而且对水体重金属污染的影响尤为显著。底泥量的增加使重金属碳酸盐结合态和可交换态的含量随之增多，致使重金属的释放量增加。另外，泥水比的增加使溶出的离子效应增强，使部分碳酸盐溶解，从而导致溶出离子含量增加（韩富涛，2014）。

1.2.2 外部因素

1）pH

pH 对于底泥重金属释放的影响表现为，较大底泥沉积物中表面电荷的性质可以被 pH 所改变，重金属在底泥中的含量可被 pH 所影响或改变，底泥中重金属的释放量随着 pH 增高而呈减少趋势。pH 降低时，通过促进碳酸盐结合态重金属及金属氢氧化物的溶解而加速重金属元素的释放。在酸性条件下，水体中存在较高浓度的 H^+，H^+ 与金属阳离子竞争吸附位点的过程也加速了重金属释放到周围水体中（宫凯悦，2014）。

2）氧化还原电位

在氧化环境体系中，可溶性重金属多被铁锰水合氧化物所固定，这些铁锰氧化物或氢氧化物很容易吸附或共沉淀水体中的阴阳离子，当体系中溶解氧含量降低时，沉积物中的铁锰水合氧化物被还原，重金属离子得以释放。在还原环境体系中，二价重金属离子容易与水体中的挥发性硫化物结合形成难溶性重金属硫化物。大多数重金属元素都是被有机物和硫化物所固定（王晓和韩宝平，2006）。因挥发性硫化物易被氧化，当体系中溶解氧含量升高时，重金属因与其结合的挥发性硫化物被氧化而再次释放，使水体中重金属浓度大幅提升。可以看出，水体中重金属离子浓度受铁锰水合氧化物和挥发性硫化物两方面的影响。当体系中挥发性硫化物含量很高时，起始阶段，上覆水体中重金属浓度会随着氧化还原电位的升高而上升，当达到一定程度，沉积物中的挥发性硫化物被完全氧化后，重金属浓度将不再随氧化还原电位的升高继续上升，而是保持平衡状态（方涛和徐小清，2007）。但在沉积物中挥发性硫化物含量非常低的情况下，重金属的释放量不会随溶解氧浓度变化而发生显著影响。这可能是由于此时铁锰水合氧化物是体系中重金属离子浓度的主要控制因素（文湘华，1993）。

3）生物体的富集

重金属作为典型的累积性污染物，其显著的生物毒性和持久性，对生态系统构成潜在威胁(单丽丽等,2008)。重金属的污染威胁在于它不能被微生物分解;同时,重金属可以在生物体内富集,并且可能转化为毒性更大的金属-有机化合物(Lin and Chen,1998)。在一系列的环境变化下,沉积物中的重金属会释放到水体中。

4)温度

温度不仅影响着水生生物的生长繁殖以及微生物的活性,还影响着上覆水-沉积物界面吸附与解吸反应平衡的移动。吸附反应是一种吸热反应,在一定温度范围内,离子交换能力会随着温度的升高而增强,从而促进交换吸附作用,吸附量随温度的升高而增加。当达到临界温度后,分子吸附则会随温度的升高而急剧减弱,总吸附量与温度呈现负相关。解吸反应是一种放热反应。对于重金属元素,随着温度的升高,重金属的物理解吸作用不断增强,有利于其内源释放(宫凯悦,2014;李鱼等,2003)。对各种影响重金属释放因素的研究表明,温度升高能促使水体可溶态、阳离子可交换态、碳酸盐结合态重金属在表层沉积物中的含量降低,致使水溶液中重金属含量增加,即重金属释放量随温度的升高而增加。

5)水体的扰动程度

随着水流条件的变化,一方面,物理稀释作用降低了水溶态重金属的浓度;另一方面,水体扰动会对底泥重金属向上覆水体中释放产生很大影响,产生这种现象的原因是流速提高,底泥和上覆水之间发生强烈紊流作用,扰动可以使沉积物表面的颗粒物呈悬浮状态,打破沉积物间隙水与上层水体之间的传质限制,减小了底泥污染物释放的阻力,加速沉积物的内源污染释放速率。上覆水体和沉积物间隙水之间的重金属浓度梯度增大,底泥重金属与上覆水体间的传质速率也相应提高;同时,表层底泥比较松散,水流扰动造成表层底泥悬浮上扬,相应增加了有效释放层的厚度(宫凯悦,2014)。

6)其他外在因素

其他外在因素如底泥中固有缓冲物 $CaCO_3$ 能够改变底泥中重金属各个形态的含量,使底泥中重金属的水溶态和交换态等生物可利用态降低,使铁锰氧化物结合态、碳酸盐结合态、残渣态和有机结合态等不可利用态和潜在可利用态增加(韩富涛,2014)。底栖生物搅动等外在因素也影响着底泥中重金属的含量。

1.3 底泥重金属污染及危害

1.3.1 底泥重金属污染

在水体、土壤和大气等环境介质中，重金属不但能轻易地通过各种途径进入，引起各类生态环境的直接污染，还可能在这些环境介质中互相迁移转化，产生间接的影响及危害(孙花，2012；贾广宁，2004)。环境中的微生物很难降解重金属污染物，这些毒害物质可以通过食物链富集在生物体内，不但能够使生物体的生长受阻、繁殖率降低，甚至产生畸形等，而且当重金属污染物浓度达到一定量时可以直接杀死生物体(蒋万祥等，2010)。因此，防治、减轻及消除重金属的污染通常极其艰难，人们也越来越关注重金属对各种生物引起的危害与影响(贾广宁，2004)。

随着社会、经济的快速发展和人口的逐年增长，工业废水及生活污水带来的环境问题越来越多，河道污染状况也在逐步加剧(刘永丽，2012；何光俊等，2007)。在水生环境中，沉积物是重金属的最大储存库，同时又是污染物的源和汇(王岚等，2012)，因此水体底泥便成为水体污染物的重要宿体，水体底泥的污染状况便成为全面衡量水环境质量状况的重要因素。进入水体的重金属被水体悬浮物吸附或在物理沉淀的作用下迅速由水相转入固相，并最终沉积到河道底泥中，但其中的重金属污染物又可以在环境条件发生改变时通过微生物、底栖动物及水生植物的作用重新释放出来，然后再次进入生态系统，对水体生态系统构成长期威胁，使水体中的重金属浓度逐渐增高，从而出现了明显的二次污染 (范成新等，2002)。

因此，河流环境受到底泥沉积物中重金属的影响是相当大的，重金属通过各种途径进入水体后，引发河流水体质量的不断下降，水体可持续利用功能会严重受损(李军，2008)。由于河床中存在的污染物比较稳定，并且能够较好地显示环境的污染情况，因此沉积物中污染物的含量及其变化，常常作为开展地球化学研究和进行生态环境质量评价的基础资料(罗琳等，2013)。

随着人类社会和工业化的发展，相当多的重金属元素可以通过大气沉降、废水排放、水土流失、雨水淋溶与冲刷等途径进入水环境，使人体健康和生态环境受到了极大的威胁(季斌等，2013；赵宏英，2008)。因此，水体污染和水资源短缺等问题已经成为广泛关注的环境问题。

1.3.2 底泥重金属的危害

底泥中的重金属会对河流中的植物、土壤以及河流水体都带来一定的危害。

由于水和人类的关系密不可分，人类生活、生产用水也会受其主要来源的河流水体质量的影响(李功振，2009；赵宏英，2008)。

1)对植物和土壤的危害

对于河流水体中的植物和土壤来说，底泥中的重金属元素的转化和迁移等活动会受到植物特性、重金属形态与土壤理化性质等因素的影响及制约。植物体的生长发育在重金属迁移和转化过程中极易受到影响，并因此受到不同程度的危害(孙花，2012)。各种重金属在植物体内都有一定的自然含量，这个自然含量被称为背景值。由于各地区环境中重金属背景值不同，植物又有各自的生物学特性，因此对重金属的吸收能力也就有所不同，其体内重金属的自然含量也会有明显的差别。每当大量的重金属元素聚积于植物体内，并且其含量值比背景值高时，一定的毒害效应才在植物体内表现并释放出来(贾广宁，2004)。

人为活动通过各种途径将重金属元素带入到土壤中，导致土壤中的重金属含量远远高于背景含量，环境生态状况也不断地受到影响，这种现象称为土壤重金属污染(王淑英和马啸华，2005)。土壤重金属污染具有隐蔽性和滞后性，不可逆性和长期性，区域性和严重性，治理难且周期长的特征(李广云等，2011)。除了来自于土壤母质本身，人类活动是土壤中的重金属元素的主要来源(王淑英和马啸华，2005)，如喷洒农药、施用化肥、污水灌溉、固体废弃物堆积及金属矿床开发等过程中富集于土壤中，使土壤受到一定程度的污染。另外，这些累积的重金属元素可以通过其他途径进入到水体及农作物中，从而威胁到人类及生态环境系统(贾广宁，2004)。

2)对水生动物的危害

在没有人为污染的情况下，水体环境中重金属的含量往往取决于水与土壤、水与岩石的相互作用，其值通常很低，一般情况下不会威胁及危害人体的健康状况。但工业废水、生活污水等未经适当处理即向外排放，污染了土壤，废弃物堆放场受流水作用以及富含重金属的大气沉降物输入，都使水体重金属含量急剧升高，导致水体底泥中聚积了相当多的重金属污染物(贾广宁，2004)。水生动物会受到重金属的影响及毒害，如鱼类如果较短时间内存活于较高浓度的重金属溶液中，会产生一定的应激反应，其免疫能力也会有所下降。因此，水体中重金属含量较高时导致的污染已经变成一种极其严重的水环境污染(孙花，2012)。

3)对人体健康的危害

水是人类不可缺少的生存因素。人类通过皮肤、呼吸道和消化道等渠道，会吸收存在于水体环境中的重金属。水体中的重金属元素一旦进入人体内部,就会结合人体内的有机组分,生成金属螯合物或络合物,它们既可以与人体内核糖、蛋白质和维生素等发生一系列反应,导致原有的生理功能改变或丧失,还可以与酶发生化学反应,进而产生一定的毒性效应(郭路,2005;贾广宁,2004)。其实许多重金属属于人体必需的微量元素,一旦缺少某种或某几种,人体健康就会受到威胁。但无论是必需元素还是有毒元素,人体对其忍受都有一定的限度,超过这个限度后便会对健康造成危害(贾广宁,2004)。

1.4 底泥重金属污染与水土流失的关系

水体底泥污染是世界范围内的一个重要环境问题:其污染物主要通过大气沉降、废水排放、水土流失、雨水淋溶与冲刷进入水体,最后沉积到底泥中并逐渐富集,使底泥受到严重污染,尤其是重金属污染(王勇,2006)。重金属作为典型的累积性污染物,其显著的生物毒性和持久性,对生态环境构成潜在威胁(黄亮等,2001)。对湖泊等环境而言,底泥不但是重金属迁移和转化的主要归宿,同时在外界条件适宜时,底泥中的重金属会重新释放进入水体,造成二次污染(范文宏等,2006)。如果能有效控制或去除沉积物中潜在的重金属内源污染,将对湖泊等整体环境治理与水体质量改善具有重大意义。

1.4.1 面源污染

面源污染(底泥重金属污染来源),也称非点源污染,是指可溶解的或固体污染物从非特定地点,在降水或融雪的冲刷作用下,通过径流过程汇入受纳水体(包括河流、湖泊、水库和海湾等)并引起有机物污染、水体富营养化或有毒有害等其他形式的污染。河流底泥重金属污染属于面源污染。面源污染物主要来源于土壤侵蚀、化肥、农药与除草剂的过量使用、城市和公路径流、畜禽养殖和农村废弃物等(Lu and Wang,2008)。相对于点源污染而言,面源污染没有固定的排污口,也没有稳定的污染物输送通道。面源污染分布范围广,危害程度大,监测、管理和控制困难,已成为水体水质恶化的主要原因之一。

1.4.2 水土流失

水土流失是指地球表面的土壤及其母质在山区、丘陵区和风沙区,由于受到水力、风力、重力、冻融等外营力作用,并在自然因素和人为因素的影响下,发生各种破坏、分离(分散)、搬运(移动)和沉积的过程,使地面的水和土离开原来的位置,流失到海拔较低的地方，再经过坡面、沟壑汇集到江河河道，造成水土资源和土地生产力的破坏和损失现象。

我国是世界上水土流失最为严重的国家之一，水土流失总面积达 $4.92\times10^6 km^2$，占国土面积的 51%，其中水蚀面积 $1.79\times10^6 km^2$，风蚀面积 $1.88\times10^6 km^2$，冻融侵蚀面积 $1.25\times10^6 km^2$。水土流失是在不利的自然条件与人类不合理的经济活动相互作用下产生的。其中，不利的自然条件主要有地貌起伏不平、陡坡沟多、高强度暴雨、地表土质疏松和植被稀少等，而毁林开荒、超载过牧、陡坡顺坡开垦、盲目扩大耕地、乱砍滥伐和开发建设项目中不注意采取水土保持措施等不合理的人类活动，是造成水土流失的主导因素。

水土流失会污染水源，引起水质变化，恶化生态环境，使气候条件变化等。水土流失降低了土壤的水源涵养能力，使非点源污染加剧，污染水源，使水质变坏，同时对生态环境的恶化起到了促进作用，使土壤层次变薄、肥力降低、含水量减少及热量状况变劣等，失去生长植物和保蓄水分的能力，从而影响调节气候、水分循环的功能，加速生态环境的恶化。生态环境的恶化反过来更进一步加剧了水土流失，从而形成一种恶性循环的局面，加剧风沙、旱、涝灾害，尤其在生态环境脆弱带的地区，表现得更加明显。

作为农业面源污染主要原因之一的水土流失（张智和魏忠庆，2006），不仅导致土壤肥力下降、养分损失，而且还造成水体富营养化和水质恶化（徐瑞祥，2002），直接威胁水资源安全、人类的生存与社会的可持续发展。

1.4.3　水土流失的环境响应

随着城市、交通、工矿、勘探和企业的快速发展，向河流中随意倾倒废土、尾矿、矿渣和工业垃圾，致使河流泥沙量增加，河床抬高，水库、湖泊和池塘淤积，航道阻塞，灌溉面积减少，江河行洪能力降低，加剧了洪灾发生。水土流失对水环境的影响是多方面的。从物理上，严重影响水的感官性能，即浑浊度增大，尤其是在强降水期，俨如黄河水，浑浊度至极点。从化学上，主要是加快了水质富营养化进程，从而导致藻类的迅速繁殖。从生物、卫生学上，微生物大量增加，还可能有病毒性细菌的存在。另外，当水体环境条件发生改变时，由废污水携带的泥沙吸附重金属等污染物质被解吸到水相中造成二次污染，故土壤与化学物质之间的相互作用（吸附与解吸）等是决定泥沙和径流携带化学物质浓度的关键因素。因此，防治泥沙侵蚀可减少水土流失面源污染。

水土流失带来的径流和泥沙不仅本身就是一种面源污染物，而且是有机物、重金属、磷酸盐以及其他毒性物质的主要携带者，因此水土流失会给水体水质带来严重影响。具体表现为面源污染是伴随着水土流失的发生与发展而形成的“降雨—径流—侵蚀—水污染负荷输出”过程，即污染物在降水所产生的径流冲刷作用下，由径流和泥沙携带，最终到达受纳水体，进而破坏水体环境。水土流失面源污染的防控与其影响因素密切相关。面源污染物的产生主要以水土流失为途径，因此影响水土流失的主要因素（自然因素与人为因素）对面源污染也有很大影响。自然因素包括降水、坡度、下垫面条件、土壤初始含水率、植被覆盖率和近地表土壤水文条件等对坡面的侵蚀过程产生显著影响，进而影响到面源污染物的迁移过程；人为因素主要指人类对土地的不合理利用等，尤其是施肥和农业耕作对面源污染的影响较大，另外，人类由于各种原因将大量的工业废弃物和生活垃圾堆放到了河边，有毒有害物质随着水渗透，或是被水冲刷流入水中，造成了水体水质的污染。

水土流失、面源污染与生态环境具有因果效应。一方面，水土流失破坏了人类赖以生存的土地资源，降低了土壤肥力及其水源涵养能力，还影响到各种农作物的生长发育等；另一方面，水土流失在输送大量泥沙的过程中，也携带了相当多的有机质、化肥、重金属、农药和生活垃圾等污染物，进入江河湖海库，为水体富营养化提供物质基础，降低了水体透明度，加剧了水源污染并影响了水生生态系统的稳定，水中大量生物由于不适应新环境而死亡，导致生物结构受到破坏。另外，流域上游地表植被遭到严重破坏，土壤蓄水保水能力降低；若无相应的水土保持措施，会导致大部分降水以地表径流方式汇集至河道，或随水循环流入地下，成为山洪流入水体，土壤入渗量减少，地下水得不到及时补给，水位下降。因此，水土流失破坏了地面完整，降低了土壤肥力，减少了水资源可利用量，造成土地硬石化、沙化，影响农业生产，加剧干旱等自然灾害的发生、发展，严重威胁到河流两岸的居民生产和生活安全，导致居民生活贫困、生产条件恶化，阻碍经济和社会的可持续发展。

1.5 国内外河流底泥重金属污染研究现状

水和人类的关系是密不可分的，人类生活、生产用水深受其主要来源的河流水体质量的影响（李功振，2009）。随着人类社会和工业化发展，相当多的重金属元素通过大气沉降、废水排放、水土流失、雨水淋溶与冲刷等途径进入了水体环境，使人类健康和生态环境受到了极大威胁（赵宏英，2008）。因此，水体污染和水资源短缺等问题已经成为世界各国广泛关注的环境问题（李功振，2009）。

从 20 世纪 50 年代起，人们逐渐开始重视和关注重金属对环境生态的影响，但是直至 1972 年召开的斯德哥尔摩联合国人类环境大会，才真正深刻认识到人类社会的可持续发展与自然环境之间相互依存与制约的关系（李功振，2009）。

1.5.1 国外研究现状

从20世纪70年代开始，国外的一部分研究者就对死海、洛杉矶湾、日耳曼湾及莱茵河等水体与底泥中重金属的污染状况开展了大量的研究工作（翟雨翔和葛淼，2009）。Varol和Bulent（2012）采用地累积指数法及沉积物富集因子法两种方法，综合评价了底格里斯河底泥和水体的污染状况，并调查发现大多数重金属均来源于人为活动（刘永丽，2012）；Calmanl等（1995）的研究表明，在易北河上游段（北海）底泥中富集沉积了大量的重金属，其中Zn、Cd和Hg的含量均为环境背景值的十至百倍；Ingemar等（2001）研究比利时的Piratininga泻湖了解到，就重金属元素Zn、Cu、Pb的富集规律看，人为排污量与底泥岩芯表层的增加有着相同的趋势；Mudroch和Azcue（1995）研究表明，在北美的伊利湖和安大略湖大面积区域湖泊沉积物Pb含量高达100～150μg/g；德国和印度研究者Antsch等（1990）对恒河进行了深入地研究，发现在都市河段底泥中各种重金属的含量明显高于环境背景值；Taylor和Birch（1996）研究表明，澳大利亚的Jackso港海水底泥中富集的重金属Zn、Pb和Cd的含量相当高；Segura和Arancibia（2006）对Mapocho河流底泥重金属中四种重金属总量及形态特征进行了研究，发现重金属元素Pb和Cu有着相反的规律，而重金属元素Cd和Zn的分布几乎没有规律；Rienmont等（2005）研究了Almendares河（古巴哈瓦那）底泥中六种重金属的空间分布规律，了解到其中三种重金属元素的含量最高。

1.5.2 国内研究现状

研究沉积物中重金属的污染状况，相对于国外而言，我国学者开始的时间比较晚，但是在研究发展速度上相当之快（刘永丽，2012）。从20世纪70年代开始，我国学者研究和调查了长江、黄河及珠江等流域底泥沉积物的地球化学特征（翟雨翔和葛淼，2009）。研究发现，大部分水体沉积物的重金属污染相对比较严重，沉积物重金属含量也比当地环境背景值高（张亚南等，2013）。

从20世纪80年代开始，我国研究者开始系统研究金沙江、淮河、湘江、海河、珠江、长江、松花江、黄河、巢湖和太湖等水体的重金属污染状况（郭路，2005）。研究分析的内容概括起来，主要有重金属存在形态及行为、污染源、含量、污染历史、污染特征、迁移转化规律以及重金属污染对环境的影响等方面。例如，陈静生等（1996）研究分析了二十条河流（中国东部）悬浮物与沉积物重金属的地理分布规律及其化学行为，并研究了各种重金属的赋存形态；金相灿等（1992）对河流沉积物中的重金属迁移进行了研究；陈松等（2011）在系统采集安徽宿州市沱河表层沉积物的基础上，对其重金属元素含量进行了 XRF 测试。研究表明，宿州市沱河沉积物中重金属元素的含量较高，富集因子和地积累指数法对重金属污染程度的评价表明，无 Cr 污染，Pb 和 As 为轻度污染，Zn 和 Cu 为中度污染。主成分分析结果显示，As 主要受控于第一因子，Cu、Zn 受控于第二因子，而 Pb 则受到两种因素的控制。结合其他证据表明，化石燃料燃烧发电可能是造成 As 及 Pb 污染的主要原因，Zn 主要由电池和化学物质的排放引起，Cu 则与农业生产活动有关。王海等(2002)研究调查了太湖表层沉积物的重金属形态特征，重金属的生物有效性也被有效地评估；任朝亮等(2014)研究了渭河干流底泥中 5 个样点的有机质含量及空间特征、水质指标、重金属与有机质的相关性。朱嵬等(2013)研究表明，宁夏黄河流域湖泊湿地重金属富集顺序为：Cr＞Pb＞Zn＞Cu＞As＞Cd＞Hg，宁夏黄河流域湖泊底泥重金属生态危害程度较小。刘芳文等(2000)研究了珠江口柱状沉积物样品重金属的含量与分布特征。

随着环境科学，尤其是环境地球化学的发展，国内外研究者已不满足于了解水体底泥中重金属的总量，认识到重金属的总量已经不能很好地揭示重金属的生物可利用性、毒性及其在环境中的化学活性和再迁移性，而是进一步研究其赋存的化学形态(李功振，2009；樊庆云，2008)。

2 黄河上游典型区域底泥重金属的空间分布

根据取样段青海省、甘肃省、宁夏回族自治区和内蒙古自治区四个省(自治区)的气候、地形、地貌和经济发展情况等，主要采集黄河底泥及岸边的对照土样(CK土样)。采样点的布设遵循三点准则：①均匀布点的情况下对特殊城市的特殊河段密集布设；②条件允许的情况下尽可能详细地布设采样点，使测量的结果更准确、更具有代表性；③成对的布设研究样点与对照样点，使测量的结果更准确。

根据各段黄河的流域地质条件，利用上述准则，布置西宁段 21 个、兰州段 29 个、银川段 37 个、包头段 38 个共计 125 个取样点。其中青海段的底泥和 CK 土样分别以 QH01 与 XN01(对)到 QH21 与 XN21(对)依次编号；甘肃段的底泥和 CK 土样分别以 GS01 与 LZ01(对)到 GS29 与 LZ29(对)依次编号；宁夏段的底泥和 CK 土样分别以 NX01 与 YC01(对)到 NX37 与 YC37(对)依次编号；内蒙古段的底泥和 CK 土样分别以 NM01 与 BT01(对)到 NM38 与 BT38(对)依次编号。分别在黄河枯水期和洪水期取样，使结果更具有代表性和准确性。

2.1 黄河上游青海段底泥重金属的空间分布

根据黄河上游青海段 21 个样点中每个样点的 8 种重金属含量值，计算得出所有样点各个重金属的平均浓度、标准差及变异系数，背景值为青海段对照土样的重金属含量的平均值。青海段底泥沉积物重金属的含量及各种参数如表 2.1 所示。

表 2.1 黄河上游典型区域青海段底泥重金属浓度 (单位:mg/kg)

样点	Cu	Fe	Mn	Ni	Zn	Cd	Cr	Pb
QH01	12.21	18368.33	398.93	12.77	51.58	0.71	64.20	5.05
QH02	14.10	15885.00	306.52	26.53	43.30	0.64	51.13	7.44
QH03	13.52	14260.00	367.25	22.55	43.80	0.54	54.12	1.22
QH04	12.46	16830.00	386.18	22.72	51.18	0.59	55.52	5.72
QH05	13.00	14833.33	296.13	19.25	49.89	0.73	60.30	4.46
QH06	9.69	15681.67	280.80	10.07	53.44	0.05	0.00	0.00
QH07	5.93	13330.67	291.71	24.36	33.59	0.50	48.17	4.25

续表

样点	Cu	Fe	Mn	Ni	Zn	Cd	Cr	Pb
QH08	8.94	13765.00	287.10	26.31	48.45	0.48	43.92	0.60
QH09	14.01	16096.17	375.75	21.37	52.31	0.67	56.34	7.02
QH10	12.40	15463.33	342.90	27.13	48.92	0.64	55.00	3.33
QH11	15.49	16101.67	399.02	43.05	46.37	0.82	65.17	1.49
QH12	10.91	19040.00	438.63	23.57	50.86	0.75	84.85	10.34
QH13	9.86	8618.33	228.08	22.12	37.63	0.66	72.52	7.08
QH14	10.99	18130.00	437.08	15.72	54.68	0.66	71.13	7.84
QH15	17.19	20670.00	424.18	29.19	74.50	0.93	74.87	6.09
QH16	13.09	15456.67	344.68	26.20	52.30	0.62	54.73	3.82
QH17	21.56	26255.11	439.25	28.61	44.24	0.55	57.30	4.59
QH18	19.55	25533.40	413.68	27.32	47.50	0.45	48.82	4.94
QH19	15.45	20741.33	300.75	25.71	54.43	0.98	39.78	4.86
QH20	16.38	22823.33	291.51	21.58	59.80	0.74	47.29	4.23
QH21	22.50	19463.33	261.56	19.38	52.10	0.66	49.59	4.67
最大值	22.50	26255.11	439.25	43.05	74.50	0.98	84.85	10.34
最小值	5.93	8618.33	228.08	10.07	33.59	0.05	0.00	0.00
平均值	13.77	17492.70	348.18	23.60	50.04	0.64	54.99	4.72
标准偏差	4.09	4146.66	65.39	6.71	8.16	0.19	16.80	2.53
变异系数	0.30	0.24	0.19	0.28	0.16	0.30	0.31	0.54
背景值	11.29	18265.21	403.23	23.24	52.12	0.75	9.27	1.02

资料来源:Ren et al.,2015。

黄河上游青海段21个样点中的8种重金属Cu、Fe、Mn、Ni、Zn、Cd、Cr和Pb的含量范围分别为5.93～22.50mg/kg、8618.33～26255.11mg/kg、228.08～439.25mg/kg、10.07～43.05mg/kg、33.59～74.50mg/kg、0.05～0.98mg/kg、0.00～84.85mg/kg和0.00～10.34mg/kg,其平均含量分别为13.77mg/kg、17492.70mg/kg、348.18mg/kg、23.60mg/kg、50.04mg/kg、0.64mg/kg、54.99mg/kg和4.72mg/kg。黄河上游青海段底泥重金属的平均含量从大到小依次为Fe>Mn>Cr>Zn>Ni>Cu>Pb>Cd,表明在青海段底泥中重金属Fe和Mn的含量较高,Pb和Cd的含量较低。

黄河上游青海段21个样点中,对于Cu来说,最大值出现在样点QH21,最小值出现在QH07;Fe最大值出现在样点QH17,最小值出现在QH13;Mn最大值出现在样点 QH17，最小值出现在 QH13；Ni 最大值出现在样点 QH11，最小值出现在 QH06；Zn 最大值出现在样点 QH15，最小值出现在 QH07；Cd 最大值出现在样点 QH19，最小值出现在 QH06；Cr 最大值出现在样点 QH12，最小值出现在 QH06；Pb 最大值出现在样点 QH12，最小值出现在 QH06。

从标准偏差和变异系数的统计结果来看，黄河上游青海段 8 种重金属 Cu、Fe、Mn、Ni、Zn、Cd、Cr 和 Pb 标准偏差从大到小依次为：Fe＞Mn＞Cr＞Zn＞Ni＞Cu＞Pb＞Cd，其中 Fe 和 Mn 的标准偏差较大，而 Cd 和 Pb 的标准偏差较小。8 种重金属的变异系数从大到小依次为：Pb＞Cr＞Cu＝Cd＞Ni＞Fe＞Mn＞Zn，其中重金属 Pb 和 Cr 的变异系数较大，Mn 和 Zn 的变异系数较小。

从黄河上游青海段 21 个样点表层沉积物 8 种重金属含量的平均值看，Cr 和 Pb 的平均值高于环境背景值，Cu 和 Ni 与环境背景值相当，而 Fe、Mn、Zn 和 Cd 都小于环境背景值。底泥重金属 Cu、Fe、Mn、Ni、Zn、Cd、Cr 和 Pb 的平均含量分别为背景值的 1.22 倍、0.96 倍、0.86 倍、1.02 倍、0.96 倍、0.85 倍、5.93 倍和 4.63 倍，说明 Cr 和 Pb 对黄河上游青海段的污染较严重，Cu 和 Ni 对黄河上游青海段污染较轻，而 Fe、Mn、Zn 和 Cd 几乎对黄河上游青海段无污染或污染较轻（Ren et al.，2015）。

2.2 黄河上游甘肃段底泥重金属的空间分布

根据黄河上游甘肃段 29 个样点中每个样点的 8 种重金属含量值，计算得出所有样点各个重金属的平均浓度、标准差及变异系数，背景值为甘肃段对照土样的重金属含量的平均值。甘肃段底泥沉积物重金属的含量及各种参数如表 2.2 所示。

表 2.2 黄河上游典型区域甘肃段底泥重金属浓度 （单位：mg/kg）

样点	Cu	Fe	Mn	Ni	Zn	Cd	Cr	Pb
GS01	21.06	18938.33	487.25	11.6	86.30	0.74	66.48	11.92
GS02	8.15	11836.67	305.95	11.89	32.43	0.45	40.31	2.83
GS03	28.75	24175.00	630.00	17.04	56.63	0.97	69.45	7.02
GS04	14.52	12496.67	313.23	3.35	41.44	0.55	38.49	5.53
GS05	14.71	15538.33	363.57	25.20	61.59	0.62	62.77	4.82
GS06	10.05	13996.67	366.72	28.41	37.18	0.54	46.09	2.77
GS07	8.75	11090.00	246.75	20.51	37.62	0.56	46.36	9.56
GS08	11.04	13712.42	252.11	18.43	34.48	0.48	35.00	8.59

续表

样点	Cu	Fe	Mn	Ni	Zn	Cd	Cr	Pb
GS09	10.96	10658.33	267.58	15.29	33.78	0.54	37.26	6.16
GS10	14.72	17798.33	456.77	22.69	68.97	0.69	69.67	7.84
GS11	8.14	13459.27	258.63	27.04	44.01	0.57	52.67	3.23
GS12	14.88	17461.67	445.60	21.87	77.20	0.65	68.50	4.29
GS13	7.76	9863.33	286.65	26.60	43.13	0.63	63.03	6.73
GS14	9.92	15078.33	422.85	25.83	62.85	0.74	91.73	12.67
GS15	10.16	15002.60	283.67	30.88	40.75	0.44	39.81	6.31
GS16	8.55	11200.00	313.47	27.57	45.87	0.54	59.85	5.95
GS17	12.66	13823.33	365.93	19.77	49.67	0.51	45.88	5.20
GS18	18.16	18360.00	470.23	26.73	86.92	0.70	67.37	14.18
GS19	17.00	14175.00	339.42	24.61	52.39	0.62	51.66	7.08
GS20	10.95	12823.33	328.70	9.03	45.17	0.54	48.95	3.38
GS21	12.97	19397.97	503.81	22.52	52.42	0.68	63.62	3.74
GS22	8.68	20937.08	419.12	3.90	45.80	0.81	65.73	3.63
GS23	13.09	16500.00	429.58	7.30	55.41	0.61	56.37	1.21
GS24	9.96	9796.67	236.35	17.91	34.37	0.42	28.84	4.25
GS25	7.78	10996.67	264.20	18.28	32.31	0.47	39.34	0.60
GS26	16.44	13791.67	331.80	30.43	47.11	0.62	49.61	4.54
GS27	9.98	49981.67	445.93	31.60	53.99	1.29	61.87	3.90
GS28	24.44	19236.67	598.00	17.73	81.82	0.70	67.60	6.12
GS29	14.53	14750.00	331.47	37.14	57.28	0.62	55.15	3.05
最大值	28.75	49981.67	630.00	37.14	86.92	1.29	91.73	14.18
最小值	7.76	9796.67	236.35	3.35	32.31	0.42	28.84	0.60
平均值	13.06	16099.17	371.22	21.42	51.68	0.63	54.81	5.76
标准偏差	5.10	7407.38	103.62	7.78	15.99	0.17	13.97	3.23
变异系数	0.39	0.46	0.28	0.36	0.31	0.27	0.25	0.56
背景值	15.06	15863.45	325.66	20.38	52.36	0.58	11.32	1.43

资料来源:Shang et al. ,2015a。

黄河上游甘肃段29个样点中的8种重金属Cu、Fe、Mn、Ni、Zn、Cd、Cr和Pb的含量范围分别为7.76～28.75mg/kg、9796.67～49981.67mg/kg、236.35～

630.00mg/kg、3.35～37.14mg/kg、32.31 ～ 86.92mg/kg、0.42 ～ 1.29mg/kg、28.84～91.73mg/kg 和 0.60～14.18mg/kg。其平均含量分别为 13.06mg/kg、16099.17mg/kg、371.22mg/kg、21.42mg/kg、51.68mg/kg、0.63mg/kg、54.81mg/kg 和 5.76mg/kg。黄河上游甘肃段底泥重金属的平均含量从大到小依次为 Fe>Mn>Cr>Zn>Ni>Cu>Pb>Cd，表明在甘肃段底泥中重金属 Fe 和 Mn 的含量较高，Pb 和 Cd 的含量较低。

黄河上游甘肃段 29 个样点中，对于 Cu 来说，最大值出现在样点 GS03，最小值出现在 GS13；Fe 最大值出现在样点 GS27，最小值出现在 GS24；、Mn 最大值出现在样点 GS03，最小值出现在 GS24；Ni 最大值出现在样点 GS29，最小值出现在 GS04；Zn 最大值出现在样点 GS18，最小值出现在 GS25；Cd 最大值出现在样点 GS27，最小值出现在 GS24；Cr 最大值出现在样点 GS14，最小值出现在 GS24；Pb 最大值出现在样点 GS18，最小值出现在 GS25。

从标准偏差和变异系数的统计结果来看，黄河上游甘肃段 8 种重金属 Cu、Fe、Mn、Ni、Zn、Cd、Cr 和 Pb 标准偏差从大到小依次为：Fe>Mn>Zn>Cr>Ni>Cu>Pb>Cd，其中 Fe 和 Mn 的标准偏差较大，而 Pb、Cd 的标准偏差较小。黄河上游甘肃段 8 种重金属的变异系数从大到小依次为：Pb>Fe>Cu>Ni>Zn>Mn>Cd>Cr，其中重金属 Pb、Fe 的变异系数较大，Cr、Cd 的变异系数较小。

从黄河上游甘肃段 29 个样点表层沉积物 8 种重金属含量的平均值看，Cr 和 Pb 的平均值高于环境背景值，Fe、Mn、Ni、和 Cd 与环境背景值相当，而 Cu、Zn 都小于环境背景值。底泥重金属 Cu、Fe、Mn、Ni、Zn、Cd、Cr 和 Pb 的平均含量分别为背景值的 0.87 倍、1.01 倍、1.14 倍、1.05 倍、0.99 倍、1.09 倍、4.84 倍和 4.03 倍，说明 Cr 和 Pb 对黄河上游甘肃段的污染较严重，Mn、Fe、Ni、Zn 和 Cd 对黄河上游甘肃段污染较轻，而 Cu 和 Zn 几乎对黄河上游甘肃段无污染（Shang et al.，2015a）。

2.3 黄河上游宁夏段底泥重金属的空间分布

根据黄河上游宁夏段 37 个样点中每个样点的 8 种重金属含量值，计算得出所有样点各个重金属的平均浓度、标准差及变异系数，背景值为宁夏段对照土样的重金属含量的平均值。宁夏段底泥沉积物重金属的含量及各种参数如表 2.3 所示。

表 2.3 黄河上游典型区域宁夏段底泥重金属浓度 （单位：mg/kg）

样点	Cu	Fe	Mn	Ni	Zn	Cd	Cr	Pb
NX01	4.07	9225.93	139.38	17.90	20.05	0.45	45.55	4.39
NX02	16.08	13783.33	312.05	27.20	56.52	0.56	46.93	4.89
NX03	10.65	13353.33	298.83	21.13	42.24	0.55	45.96	3.62
NX04	12.56	14685.00	280.82	23.11	42.55	0.55	39.08	7.79
NX05	10.54	14835.00	333.38	25.96	48.30	0.61	54.58	3.19
NX06	10.52	12460.00	282.15	22.24	39.64	0.51	41.38	5.84
NX07	13.20	13476.67	302.15	22.28	54.89	0.57	47.05	5.67
NX08	11.66	14365.00	318.20	29.45	47.79	0.58	50.84	4.32
NX09	8.29	11104.67	228.82	15.18	36.04	0.30	36.49	4.54
NX10	8.60	16606.67	369.95	26.56	44.59	0.63	56.68	3.18
NX11	9.92	12893.33	276.57	5.30	41.43	0.52	43.89	20.52
NX12	14.19	13960.00	312.10	23.59	44.67	0.58	49.22	4.89
NX13	12.30	13393.33	304.85	19.15	41.99	0.78	55.82	6.09
NX14	11.74	12011.67	282.65	26.70	40.01	0.58	44.14	4.53
NX15	14.49	14571.67	337.42	20.71	57.96	0.61	52.55	2.83
NX16	9.41	10620.00	242.63	18.43	38.41	0.48	36.86	7.93
NX17	6.43	18037.57	265.63	0.00	34.25	0.63	65.23	4.60
NX18	7.62	10385.00	264.47	21.63	39.40	0.46	50.24	2.98
NX19	11.41	11415.00	266.35	22.00	37.73	0.50	36.66	4.11
NX20	10.87	18218.33	401.90	20.38	51.83	0.78	71.30	4.10
NX21	15.90	16086.67	348.37	21.38	61.15	0.72	56.46	3.47
NX22	15.68	15031.67	342.98	20.26	49.56	0.63	55.30	5.03
NX23	10.80	13185.00	318.90	18.41	42.90	0.54	45.97	2.48
NX24	11.88	17771.67	338.85	15.80	52.00	0.71	59.42	10.28
NX25	7.92	15438.33	346.37	8.57	46.40	0.55	57.58	5.51
NX26	6.47	8001.67	229.25	24.23	28.05	0.49	51.27	4.61
NX27	9.86	12721.67	296.42	18.48	38.43	0.51	41.28	2.76
NX28	13.13	14758.33	344.67	28.68	47.13	0.63	48.80	2.06
NX29	15.98	15988.33	365.28	30.27	49.29	0.69	57.68	3.47
NX30	15.47	15086.67	338.92	19.64	52.19	0.63	50.38	3.90
NX31	11.09	11180.00	300.70	20.76	42.17	0.46	48.77	4.11
NX32	10.67	11951.67	263.33	23.49	37.14	0.52	34.18	4.89
NX33	14.36	12676.67	299.72	27.08	66.13	0.56	40.23	6.95

续表

样点	Cu	Fe	Mn	Ni	Zn	Cd	Cr	Pb
NX34	13.30	14648.33	341.17	28.57	56.87	0.64	55.40	2.48
NX35	9.13	10668.33	263.47	22.49	31.85	0.55	38.49	4.75
NX36	12.49	16075.00	345.45	22.74	53.52	0.64	56.05	7.37
NX37	11.02	13918.33	353.75	26.34	48.92	0.64	68.02	6.66
最大值	16.08	18218.33	401.90	30.27	66.13	0.78	71.30	20.52
最小值	4.07	8001.67	139.38	0.00	20.05	0.30	34.18	2.06
平均值	11.34	13637.56	304.27	21.25	44.97	0.58	49.61	5.16
标准偏差	2.89	2381.05	49.26	6.32	9.37	0.10	8.95	3.13
变异系数	0.25	0.17	0.16	0.30	0.21	0.17	0.18	0.61
背景值	10.82	12376.06	312.71	22.03	42.31	0.53	9.60	0.81

资料来源:Shang et al.,2015b。

黄河上游宁夏段37个样点中的8种重金属Cu、Fe、Mn、Ni、Zn、Cd、Cr和Pb的含量范围分别为4.07～16.08mg/kg、8001.67～18218.33mg/kg、139.38～401.90mg/kg、0.00～30.27mg/kg、20.05～66.13mg/kg、0.30～0.78mg/kg、34.18～71.30mg/kg和2.06～20.52mg/kg,其平均含量分别为11.34mg/kg、13637.56mg/kg、304.27mg/kg、21.25mg/kg、44.97mg/kg、0.58mg/kg、49.61mg/kg和5.16mg/kg。黄河上游宁夏段底泥重金属的平均含量从大到小依次为Fe>Mn>Cr>Zn>Ni>Cu>Pb>Cd,表明在宁夏段底泥中重金属Fe和Mn的含量较高,Pb和Cd的含量较低。

黄河上游宁夏段37个样点中,对于Cu来说,最大值出现在样点NX02,最小值出现在NX01;Fe最大值出现在样点NX20,最小值出现在NX26;Mn最大值出现在样点NX20,最小值出现在NX01;Ni最大值出现在样点NX29,最小值出现在NX17;Zn最大值出现在样点NX33,最小值出现在NX01;Cd最大值出现在样点NX20,最小值出现在NX09;Cr最大值出现在样点NX20,最小值出现在NX32;Pb最大值出现在样点NX11,最小值出现在NX28。

从标准偏差和变异系数的统计结果来看,黄河上游宁夏段8种重金属Cu、Fe、Mn、Ni、Zn、Cd、Cr和Pb标准偏差从大到小依次为:Fe>Mn>Zn>Cr>Ni>Cu>Pb>Cd,其中Fe和Mn的标准偏差较大,而Cd和Pb的标准偏差较小。黄河上游宁夏段8种重金属的变异系数从大到小依次为:Pb>Ni>Cu>Zn>Cr>Fe=Cd>Mn,其中重金属Pb的变异系数较大,Mn的变异系数较小。

从黄河上游宁夏段37个样点表层沉积物重金属含量的平均值看,Cr和Pb的平均值高于环境背景值，Cu、Fe、Zn 和 Cd 与环境背景值相当，而 Mn 和 Ni 都小于环境背景值。底泥重金属 Cu、Fe、Mn、Ni、Zn、Cd、Cr 和 Pb 的平均含量分别为背景值的 1.05 倍、1.10 倍、0.97 倍、0.96 倍、1.06 倍、1.09 倍、5.17 倍和 6.37 倍，说明 Cr 和 Pb 对黄河上游宁夏段的污染较严重，Cu、Fe、Zn 和 Cd 对黄河上游宁夏段污染较轻，而 Mn 和 Ni 几乎对黄河上游宁夏段无污染(Shang et al.,2015b)。

2.4 黄河上游内蒙古段底泥重金属的空间分布

根据黄河上游内蒙古段 38 个样点中每个样点的 8 种重金属含量值，计算得出所有样点各个重金属的平均浓度、标准差及变异系数，背景值为内蒙古段对照土样的重金属含量平均值。内蒙古段底泥沉积物重金属的含量及各种参数如表 2.4 所示。

表 2.4 黄河上游典型区域内蒙古段底泥重金属浓度 (单位：mg/kg)

样点	Cu	Fe	Mn	Ni	Zn	Cd	Cr	Pb
NM01	14.10	12698.33	302.78	23.86	44.40	0.56	44.43	4.82
NM02	11.39	14525.00	352.85	19.52	42.19	0.60	55.45	2.37
NM03	12.80	15450.00	333.17	12.30	39.26	0.70	48.51	6.02
NM04	6.82	12875.00	285.22	11.70	39.68	0.53	55.54	1.82
NM05	18.53	16020.00	375.05	23.18	52.17	0.70	51.09	8.15
NM06	22.77	20940.00	459.92	33.70	74.70	0.83	73.73	1.32
NM07	9.41	13313.33	314.17	24.70	51.54	0.53	48.79	4.75
NM08	5.65	12666.67	294.10	14.41	37.27	0.49	51.71	4.64
NM09	8.54	11940.00	271.10	17.46	47.82	0.47	42.10	0.76
NM10	8.60	15770.00	357.22	15.48	41.79	0.60	54.77	3.08
NM11	16.22	16487.67	361.08	30.40	57.37	0.72	69.48	3.69
NM12	14.92	15225.00	318.82	28.43	60.99	0.65	51.01	3.96
NM13	5.14	9230.00	237.53	24.04	33.73	0.87	73.97	4.96
NM14	7.28	12495.00	276.93	19.96	37.72	0.51	51.75	2.12
NM15	13.59	14070.00	302.60	25.88	46.15	0.56	50.09	5.23
NM16	9.42	9851.67	224.45	24.35	32.83	0.50	33.10	2.27
NM17	10.00	14398.33	349.22	24.58	41.28	0.51	41.59	0.25
NM18	10.00	13893.33	338.08	30.92	45.59	0.74	74.83	4.81
NM19	6.92	10936.67	241.42	20.69	34.15	0.48	32.85	3.19
NM20	10.89	13625.00	324.40	0.74	35.14	0.56	50.14	4.90

续表

样点	Cu	Fe	Mn	Ni	Zn	Cd	Cr	Pb
NM21	14.99	13690.00	303.77	23.84	44.49	0.58	47.70	5.46
NM22	15.51	18143.33	438.48	24.11	68.35	0.68	60.38	4.90
NM23	8.38	14205.00	341.05	18.64	41.23	0.51	53.66	2.07
NM24	8.58	11266.67	273.00	27.18	44.12	0.44	41.12	3.04
NM25	9.96	10431.67	239.43	22.99	36.62	0.53	35.89	4.25
NM26	10.24	9971.83	312.55	19.65	37.44	0.57	40.82	4.54
NM27	8.13	15530.00	336.88	25.60	39.76	0.68	70.25	5.31
NM28	14.07	16200.00	364.13	24.09	55.43	0.70	56.53	4.11
NM29	10.39	10033.33	245.37	22.62	36.45	0.51	40.73	2.82
NM30	14.98	13220.00	288.33	22.40	46.53	0.53	44.66	9.99
NM31	13.09	13430.00	284.40	26.72	57.97	0.57	40.70	5.24
NM32	12.75	12046.67	263.73	9.77	37.42	0.56	45.62	6.09
NM33	7.38	18401.67	318.53	5.40	40.25	0.72	59.10	4.73
NM34	12.96	13523.33	315.58	29.03	43.35	0.58	53.33	4.54
NM35	10.46	12430.00	326.93	29.09	51.25	0.42	42.70	6.16
NM36	11.88	15213.33	350.67	6.10	53.04	0.55	54.50	3.18
NM37	9.05	13231.67	317.45	0.06	37.04	0.50	41.95	1.52
NM38	11.39	13426.67	306.80	30.19	46.02	0.59	49.33	1.84
最大值	22.77	20940.00	459.92	33.70	74.70	0.87	74.83	9.99
最小值	5.14	9230.00	224.45	0.06	32.83	0.42	32.85	0.25
平均值	11.24	13705.43	314.40	20.89	45.07	0.59	50.89	4.02
标准偏差	3.67	2489.89	50.33	8.27	9.60	0.10	10.83	1.97
变异系数	0.33	0.18	0.16	0.40	0.21	0.17	0.21	0.49
背景值	11.22	12792.28	312.96	21.62	43.04	0.61	7.45	1.21

黄河上游内蒙古段 38 个样点中的 8 种重金属 Cu、Fe、Mn、Ni、Zn、Cd、Cr 和 Pb 的含量范围分别为 5.14～22.77mg/kg、9230.00～20940.00mg/kg、224.45～459.92mg/kg、0.06～33.70mg/kg、32.83～74.70mg/kg、0.42～0.87mg/kg、32.85～74.83mg/kg 和 0.25～9.99mg/kg，其平均含量分别为 11.24mg/kg、13705.43mg/kg、314.40mg/kg、20.89mg/kg、45.07mg/kg、0.59mg/kg、50.89mg/kg 和 4.02mg/kg。黄河上游内蒙古段底泥重金属的平均含量从大到小依次为 Fe>Mn>Cr>Zn>Ni>Cu>Pb>Cd，表明在内蒙古段底泥中重金属 Fe 和 Mn 的含量

较高，Pb 和 Cd 的含量较低。

黄河上游内蒙古段 38 个样点中，对于 Cu 来说，最大值出现在样点 NM06，最小值出现在 NM13；Fe 最大值出现在样点 NM06，最小值出现在 NM13；Mn 最大值出现在样点 NM06，最小值出现在 NM16；Ni 最大值出现在样点 NM06，最小值出现在 NM37；Zn 最大值出现在样点 NM06，最小值出现在 NM16；Cd 最大值出现在样点 NM13，最小值出现在 NM35；Cr 最大值出现在样点 NM18，最小值出现在 NM19；Pb 最大值出现在样点 NM30，最小值出现在 NM17。

从标准偏差和变异系数的统计结果来看，黄河上游内蒙古段 8 种重金属的 Cu、Fe、Mn、Ni、Zn、Cd、Cr 和 Pb 标准偏差从大到小依次为：Fe＞Mn＞Cr＞Zn＞Ni＞Cu＞Pb＞Cd，其中 Fe 和 Mn 的标准偏差较大，而 Cd 和 Pb 的标准偏差较小。黄河上游内蒙古段 8 种重金属的变异系数从大到小依次为：Pb＞Ni＞Cu＞Zn＝Cr＞Fe＞Cd＞Mn，其中重金属 Pb 和 Ni 的变异系数较大，Cd 和 Mn 的变异系数较小。

从黄河上游内蒙古段 38 个样点表层沉积物重金属含量的平均值看，Cr 和 Pb 的平均值高于环境背景值，而 Ni 和 Cd 都小于环境背景值。底泥重金属 Cu、Fe、Mn、Ni、Zn、Cd、Cr 和 Pb 的平均含量分别为背景值的 1.00 倍、1.07 倍、1.00 倍、0.97 倍、1.05 倍、0.97 倍、6.83 倍和 3.32 倍，Cr 和 Pb 对黄河上游内蒙古段的污染较严重，Cu、Fe、Zn 和 Mn 对黄河上游内蒙古段污染较轻，而 Ni 和 Cd 几乎对黄河上游内蒙古段无污染或污染较轻。

3 黄河上游典型区域底泥重金属的相关性分析

相关性分析是针对两个或以上的变量，测量彼此之间的线性相关程度。这项测量尺度必须是区间尺度(interval scales)以上，才有意义。相关系数介于－1.00至＋1.00之间，相关系数为－1.00表示完全负相关，值为＋1.00表示完全正相关，值为0.00则表示无线性相关。

在研究变量之间的关系时，往往用相关系数来反映变量间关系的强弱。但是，相关系数不能反映一组变量作为一个整体与另一组变量作为一个整体的关系，大量的实际问题需要考察两组变量之间的整体相互依赖关系(易丹辉，2002)。

在给定的区域内，重金属元素之间的相关性能反映它们的来源情况，如果河流底泥沉积物中重金属元素之间具有显著的相关关系，则可以说明它们的来源情况可能相同。

3.1 黄河上游青海段底泥重金属元素的相关性

利用 Statistica 软件对青海段底泥沉积物中 8 种重金属元素(Cu、Fe、Mn、Ni、Zn、Cd、Cr 和 Pb)进行相关性分析(表 3.1)。

表 3.1 黄河上游典型区域青海段底泥重金属相关系数

重金属元素	Cu	Fe	Mn	Ni	Zn	Cd	Cr
Fe	0.74***						
Mn	0.25	0.53*					
Ni	0.28	0.11	0.24				
Zn	0.33	0.43	0.30	−0.10			
Cd	0.28	0.16	0.20	0.41	0.36		
Cr	0.06	−0.01	0.48*	0.32	0.06	0.67**	
Pb	0.05	0.15	0.31	−0.10	0.10	0.46*	0.66**

注：*，**，*** 分别表示 $P<0.05$，$P<0.01$，$P<0.001$。

取青海段底泥沉积物中 8 种重金属元素(Cu、Fe、Mn、Ni、Zn、Cd、Cr 和 Pb)总含量的数据进行相关性分析。重金属元素 Cu 与 Fe 呈极显著正相关关系 ($P<0.001$)，Cu 与 Mn、Ni、Zn、Cd、Cr、Pb 无显著相关性；重金属元素 Fe 与 Mn 呈显著

正相关关系（$P<0.05$），Fe 与 Ni、Zn、Cd、Cr、Pb 无显著相关性；重金属元素 Mn 与 Cr 呈显著正相关关系（$P<0.05$），Mn 与 Fe 的相关性大于 Mn 与 Cr 的相关性，Mn 与 Cu、Ni、Zn、Cd、Pb 无显著相关性；重金属元素 Ni 与 Cu、Fe、Mn、Zn、Cd、Cr、Pb 无显著相关性；重金属元素 Zn 与 Cu、Fe、Mn、Ni、Cd、Cr、Pb 无显著相关性；重金属元素 Cd、Cr、Pb 三者之间均呈正相关关系，重金属元素 Cd 与 Cr 呈较显著正相关关系（$P<0.01$），Cd 与 Pb 呈显著正相关关系（$P<0.05$），Cr 与 Pb 呈较显著正相关关系（$P<0.01$），Cr 与 Cd 的相关性大于 Cr 与 Pb 的相关性；重金属元素 Cd 与 Cu、Fe、Mn、Ni、Zn 无显著相关性；重金属元素 Cr 与 Mn 呈显著正相关关系（$P<0.05$），Cr 与 Cu、Fe、Ni、Zn 无显著相关性；重金属元素 Pb 与 Cu、Fe、Mn、Ni、Zn 无显著相关性（Ren et al.，2015）。

3.2 黄河上游甘肃段底泥重金属元素的相关性

利用 Statistica 软件对甘肃段底泥沉积物中 8 种重金属元素（Cu、Fe、Mn、Ni、Zn、Cd、Cr 和 Pb）进行相关性分析（表 3.2）。

表 3.2 黄河上游典型区域甘肃段底泥重金属相关系数

重金属元素	Cu	Fe	Mn	Ni	Zn	Cd	Cr
Fe	0.23						
Mn	0.76***	0.54**					
Ni	−0.05	0.13	−0.15				
Zn	0.66***	0.34	0.75***	0.05			
Cd	0.36	0.91***	0.66***	0.10	0.44*		
Cr	0.37	0.38*	0.72***	0.08	0.74***	0.62***	
Pb	0.32	0.00	0.22	0.11	0.49**	0.16	0.41*

注：*，**，*** 分别表示 $P<0.05$，$P<0.01$，$P<0.001$。

取甘肃段底泥沉积物中 8 种重金属元素（Cu、Fe、Mn、Ni、Zn、Cd、Cr 和 Pb）总含量的数据进行相关性分析。重金属元素 Cu 与 Mn、Zn 呈极显著正相关关系（$P<0.001$），Cu 与 Mn 的相关性大于 Cu 与 Zn 的相关性，Cu 与 Fe、Ni、Cd、Cr、Pb 无显著相关性；重金属元素 Fe、Mn、Cd、Cr 四者之间均呈正相关关系，重金属元素 Fe 与 Mn 呈较显著正相关关系（$P<0.01$），Fe 与 Cd 呈极显著正相关关系（$P<0.001$），Fe 与 Cr 呈显著正相关关系（$P<0.05$），重金属元素 Mn 与 Cd、Cr 和 Zn 呈极显著正相关关系（$P<0.001$），Mn 与 Zn 的相关性大于 Mn 与 Cr 的相关性，Mn 与 Cr 的相关性大于 Mn 与 Cd 的相关性，重金属元素 Cd 与 Cr 呈极显著正相

关关系（$P<0.001$）；Fe 与 Cu、Ni、Zn、Pb 无显著相关性；但重金属元素 Mn、Cd、Cr、Pb 与 Zn 呈正相关关系，重金属元素 Zn 与 Mn、Cr 呈极显著正相关关系（$P<0.001$），Zn 与 Mn 的相关性大于 Zn 与 Cr 的相关性，重金属元素 Zn 与 Cd 呈显著正相关关系（$P<0.05$）；重金属元素 Zn 与 Pb 呈较显著正相关关系（$P<0.01$），Zn 与 Fe、Ni 无显著相关性；重金属元素 Mn 与 Cu 呈极显著正相关关系（$P<0.001$），Mn 与 Ni、Pb 无显著相关性；重金属元素 Ni 与 Cu、Fe、Mn、Zn、Cd、Cr 和 Pb 都无显著相关性；重金属元素 Cd 与 Cu、Ni、Pb 无显著相关性；重金属元素 Cr 与 Pb 呈显著正相关关系（$P<0.05$），Cr 与 Cu、Ni 无显著相关性；重金属元素 Pb 与 Cu、Fe、Ni、Mn 和 Cd 无显著相关性（Shang et al.，2015b）。

3.3 黄河上游宁夏段底泥重金属元素的相关性

利用 Statistica 软件对宁夏段底泥沉积物中 8 种重金属元素（Cu、Fe、Mn、Ni、Zn、Cd、Cr 和 Pb）进行相关性分析（表 3.3）。

表 3.3 黄河上游典型区域宁夏段底泥重金属相关系数

重金属元素	Cu	Fe	Mn	Ni	Zn	Cd	Cr
Fe	0.42*						
Mn	0.61***	0.79***					
Ni	0.46**	−0.11	0.27				
Zn	0.80***	0.60***	0.76***	0.32			
Cd	0.49**	0.76***	0.73***	0.15	0.54**		
Cr	0.08	0.68***	0.63***	−0.08	0.34*	0.72***	
Pb	−0.06	−0.00	−0.14	−0.44**	−0.01	−0.05	−0.10

注：*，**，*** 分别表示 $P<0.05$，$P<0.01$，$P<0.001$。

取宁夏段底泥沉积物中 8 种重金属元素（Cu、Fe、Mn、Ni、Zn、Cd、Cr 和 Pb）总量的数据进行相关性分析。重金属元素 Cu、Fe、Mn、Zn、Cd 五者之间均呈正相关关系；重金属元素 Cu 与 Fe 呈显著正相关关系（$P<0.05$），Cu 与 Mn、Zn 呈极显著正相关关系（$P<0.001$），Cu 与 Zn 的相关性大于 Cu 与 Mn 的相关性，Cu 与 Cd 呈较显著正相关关系（$P<0.01$），Cu 与 Cr、Pb 无显著相关性；重金属元素 Fe 与 Mn、Zn、Cd、Cr 呈极显著正相关关系（$P<0.001$），Fe 与 Mn 的相关性大于 Fe 与 Cd、Cr 的相关性，Fe 与 Cd 的相关性大于 Fe 与 Zn 的相关性；重金属元素 Mn 与 Zn、Cd、Cr 呈极显著正相关关系（$P<0.001$），Mn 与 Zn 的相关性大于 Mn 与 Cd 的相关性；重金属元素 Zn 与 Cd、Cr 呈较显著正相关关系（$P<0.01$）；重金属元素 Cu 与 Ni 呈较显著正相关关系

($P<0.01$);但重金属元素 Fe、Mn、Zn、Cd 与 Cr 呈正相关关系,重金属元素 Cr 与 Fe、Mn、Cd 呈极显著正相关关系 ($P<0.001$),Cr 与 Cd 的相关性大于 Cr 与 Fe 的相关性,Cr 与 Fe 的相关性大于 Cr 与 Mn 的相关性,重金属元素 Cr 与 Zn 呈显著正相关关系 ($P<0.05$);重金属元素 Fe 与 Ni、Pb 无显著相关性;重金属元素 Mn 与 Ni、Pb 无显著相关性;重金属元素 Ni 与 Pb 呈较显著正相关关系 ($P<0.01$), Ni 与 Fe、Mn、Zn、Cd、Cr 无显著相关性;重金属元素 Zn 与 Ni、Pb 无显著相关性;重金属元素 Cd 与 Ni、Pb 无显著相关性;重金属元素 Cr 与 Cu、Ni、Pb 无显著相关性;重金属元素 Pb 与 Cu、Fe、Mn、Zn、Cd、Cr 无显著相关性(Shang et al. ,2015b)。

3.4 黄河上游内蒙古段底泥重金属元素的相关性

利用 Statistica 软件对内蒙古段底泥沉积物中 8 种重金属元素(Cu、Fe、Mn、Ni、Zn、Cd、Cr 和 Pb)进行相关性分析(表 3.4)。

表 3.4 黄河上游典型区域内蒙古段底泥重金属相关系数

重金属元素	Cu	Fe	Mn	Ni	Zn	Cd	Cr
Fe	0.58***						
Mn	0.60***	0.88***					
Ni	0.37*	0.04	0.12				
Zn	0.74***	0.69***	0.72***	0.46**			
Cd	0.39*	0.54**	0.47**	0.21	0.37*		
Cr	0.18	0.57***	0.56***	0.18	0.37*	0.81***	
Pb	0.28	0.02	−0.01	0.05	0.06	0.19	0.05

注:*,**,*** 分别表示 $P<0.05$,$P<0.01$,$P<0.001$。

取内蒙古段底泥沉积物中 8 种重金属元素(Cu、Fe、Mn、Ni、Zn、Cd、Cr 和 Pb)总量的数据进行相关性分析。重金属元素 Cu、Fe、Mn、Zn、Cd 五者之间均呈正相关关系;重金属元素 Cu 与 Fe、Mn、Zn 呈极显著正相关关系 ($P<0.001$),Cu 与 Mn 的相关性大于 Cu 与 Fe 的相关性,Cu 与 Cd 呈显著正相关关系 ($P<0.05$);重金属元素 Fe 与 Mn、Zn、Cr 呈极显著正相关关系 ($P<0.001$),Fe 与 Mn 的相关性大于 Fe 与 Zn 的相关性,重金属元素 Fe 与 Cd 呈较显著正相关关系 ($P<0.01$);重金属元素 Mn 与 Zn 呈极显著正相关关系 ($P<0.001$),重金属元素 Mn 与 Cd 呈较显著正相关关系 ($P<0.01$);重金属元素 Zn 与 Cd 呈显著正相关关系 ($P<0.05$);重金属元素 Cu 与 Ni 呈显著正相关关系 ($P<0.05$), Cu 与 Cr、Pb 无显著相关性;但重金属元素 Fe、Mn、Zn、Cd 与 Cr 呈正相关关系,重金属元素 Cr 与 Fe、

Mn、Cd 呈极显著正相关关系（$P<0.001$），Cr 与 Cd 的相关性大于 Cr 与 Fe 的相关性，Cr 与 Fe 的相关性大于 Cr 与 Mn 的相关性，重金属元素 Cr 与 Zn 呈显著正相关关系（$P<0.05$）；重金属元素 Fe 与 Ni、Pb 无显著相关性；重金属元素 Mn 与 Ni、Pb 无显著相关性；重金属元素 Ni 与 Zn 呈较显著正相关关系（$P<0.01$），Ni 与 Fe、Mn、Cd、Cr、Pb 无显著相关性；重金属元素 Zn 与 Pb 无显著相关性；重金属元素 Cd 与 Ni、Pb 无显著相关性；重金属元素 Cr 与 Cu、Ni、Pb 无显著相关性；重金属元素 Pb 与 Cu、Fe、Mn、Ni、Zn、Cd 和 Cr 都无显著相关性。

4 黄河上游典型区域底泥重金属的主成分分析

通常收集到的数据不仅变量存在相关性，而且变量个数也较多。这样使得数据的解释比较困难。通过将原始变量变形为少数的不相关变量，主成分分析（principal component analysis，PCA）使得这两项工作变得容易。在 Statistica 软件中的主成分和分类分析可以实现两个目标：

（1）将变量数目减少为少数的、可以代表原始变量且不相关的变量。

（2）对变量和样品进行分类。

这个模块中使用的方法类似于因子分子分析模块中给出的方法，但是在以下两点存在着不同：

（1）PCA 并不使用任何迭代的方法去提取因子。

（2）PCA 允许考虑一些变量和（或）样品作为补充（对于补充的变量和样品可参见主成分和分类分析-数据降维）。这些变量和样品可以投影到从分析（现行）变量和样品中得到相同的因子空间。

PCA 允许分析收集的数据中，变量关于其均值或者关于其均值和标准差是不同类的情况，PCA 可以提供一个选项分析协方差矩阵和相关矩阵。

PCA 模块计算主成分和大量的相关统计量。这个模块设计来解决大样本问题。这里可以实现两类分析，取决于变量是否需要标准化或者中心化。前面的情况分析应通过因子矩阵实现，后者分析应通过协方差矩阵实现。

PCA 模块的另一个特征是可以指定现行和补充变量和样品。现行变量和样品用于推导主成分；补充变量和样品可以投影到通过现行变量和样品计算出来的因子空间上。PCA 模块以两种形式产生结果：数据表和图。数据表可以用于解释结果，相关的图可以对变量和样品分类提供直观的帮助。

PCA 模块产生大量的结果，如变量和样品的因子坐标，变量和因子的贡献，因子得分，因子得分系数，cosine 平方，特征根和描述统计量。

主成分分析的主要目的是得到一个原始点（变量或样品）可以投影的低维向量空间，这样可以发现数据的结构。为了便于实现这个目的，这个模块可以产生因子坐标和二维图。这个选项既可以用于变量，也可以用于样品。此模块也可以化除现行变量的相关矩阵或者协方差矩阵的特征值图，即碎石图。

假定只对用于分析的一些变量（样品）感兴趣，其他的变量（样品）是为了解释。

与 PCA 中所做的分析相当，可以将变量（样品）处理为现行变量（样品）和补充变量（样品）。主成分只用现行变量（样品）计算。补充变量（样品）后面可以投影到产生的因子向量子空间上并计算，并且可以得到这些变量（样品）的结论，即使他们不参与分析。然而，一定要注意，关于变量（样品）的分割并不是强制的，特定情形下，甚至所有的变量（样品）都可视为现行变量（易丹辉，2002）。

4.1　黄河上游青海段底泥中重金属总含量的主成分分析

4.1.1　青海段底泥 8 种重金属的主成分分析

利用 Statistica 软件，采用主成分提取法得到 8 种重金属元素（Cu、Fe、Mn、Ni、Zn、Cr、Pb 和 Cd）的分析表见表 4.1。

表 4.1　黄河上游典型区域青海段 8 种重金属元素主成分提取分析表

主成分	特征值	贡献率/%	累计贡献率/%
1	3.007	37.593	37.593
2	1.774	22.177	59.767
3	1.193	14.913	74.683
4	0.866	10.822	85.504
5	0.672	8.401	93.906
6	0.237	2.957	96.862
7	0.176	2.201	99.064
8	0.075	0.936	100.000

一般把主成分对应的最小特征值设置为 1.00，从而进行主成分因子分析，这里共提取出 2 个主成分因子。青海段底泥中重金属总含量的主成分分析结果见表 4.2。

表 4.2　黄河上游典型区域青海段底泥中重金属总含量的主成分分析

元素	主成分 1	主成分 2
Cu	−0.596	−0.600
Fe	−0.630	−0.674
Mn	−0.692	−0.081
Ni	−0.410	0.096
Zn	−0.496	−0.397

续表

元素	主成分 1	主成分 2
Cd	－0.738	0.352
Cr	－0.700	0.644
Pd	－0.572	0.498
特征值	3.007	1.774
贡献率/％	37.593	22.177
累计贡献率/％	37.593	59.769

黄河上游青海段底泥沉积物中 8 种重金属的所有信息由 2 个主成分因子反映出，共占总方差的 59.769％。主成分 1 的贡献率最高，为 37.593％，重金属元素 Mn、Cd、Cr 在主成分 1 上有较高的负荷载，分别为－0.692、－0.738、－0.700，也就是主成分 1 反映了 Mn、Cd、Cr 的富集程度，表明这三种重金属的分布具有相同的特征。主成分 2 的贡献率为 22.177％，元素 Cu、Fe 在主成分 2 上有较高的负荷载，分别为－0.600、－0.674，也就是主成分 2 反映了 Cu、Fe 的富集程度，表明这两种重金属的分布具有相同的特征（图 4.1）（Ren et al.，2015）。

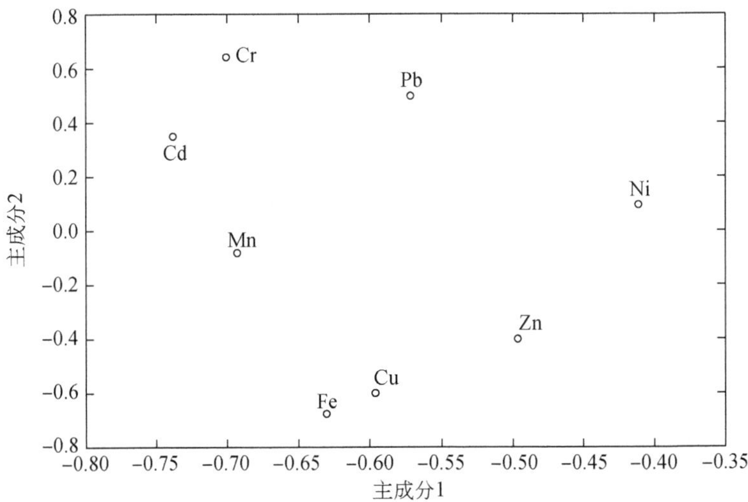

图 4.1　黄河上游典型区域青海段 8 种重金属元素主成分因子荷载

黄河上游青海段 8 种重金属元素在因子空间上的投影图中，变量离圆心越远，说明变量与因子之间的相关系数较大（图 4.2）。Cd、Cr、Pb 这三种重金属聚为一簇，Cu、Fe、Zn 这三种重金属聚为一簇。

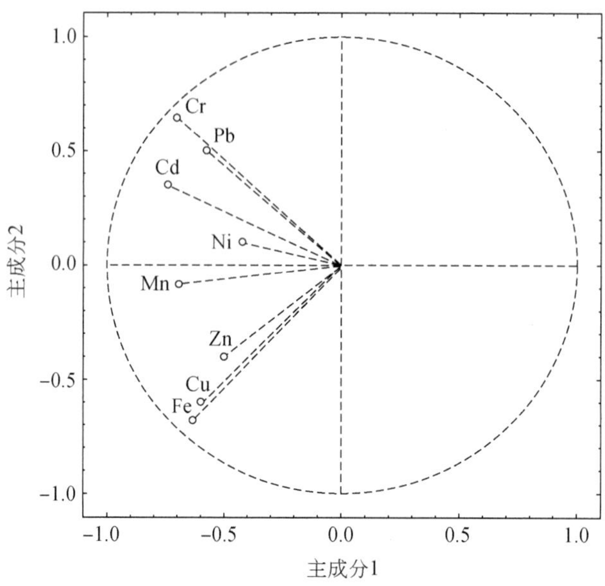

图 4.2 黄河上游典型区域青海段 8 种重金属元素在因子空间上的投影

4.1.2 青海段 21 个样点的主成分分析

根据黄河上游青海段 21 个样点的主成分得分，给予各样点的定量化描述，得分越大说明该样点与相关的指标关系密切。青海段样点的主成分得分结果如表 4.3所示。

表 4.3 黄河上游典型区域青海段样点的主成分得分

样点	主成分 1	主成分 2
QH01	−0.366	0.268
QH02	0.231	0.774
QH03	1.134	−0.055
QH04	−0.109	0.236
QH05	0.474	0.661
QH06	4.519	−2.633
QH07	2.461	1.570
QH08	2.225	−0.018
QH09	−0.466	0.433
QH10	0.408	0.286
QH11	−1.114	0.342

续表

样点	主成分 1	主成分 2
QH12	−2.190	1.867
QH13	1.539	2.954
QH14	−1.094	0.847
QH15	−3.391	−0.489
QH16	0.238	0.115
QH17	−1.798	−1.816
QH18	−1.093	−1.951
QH19	−0.796	−0.608
QH20	−0.595	−1.412
QH21	−0.216	−1.370

样点 QH06 在主成分 1 上得分最高，说明该样点处重金属元素 Mn、Cd 和 Cr 含量较高；而样点 QH15 在主成分 1 上的得分最低，说明该样点处重金属元素 Mn、Cd 和 Cr 含量较低。同样，QH13 在主成分 2 上的得分最高，说明该样点处重金属元素 Cu 和 Fe 含量较高；而 QH06 在主成分 2 上得分最低，说明该样点处重金属元素 Cu 和 Fe 含量较低（图 4.3）。

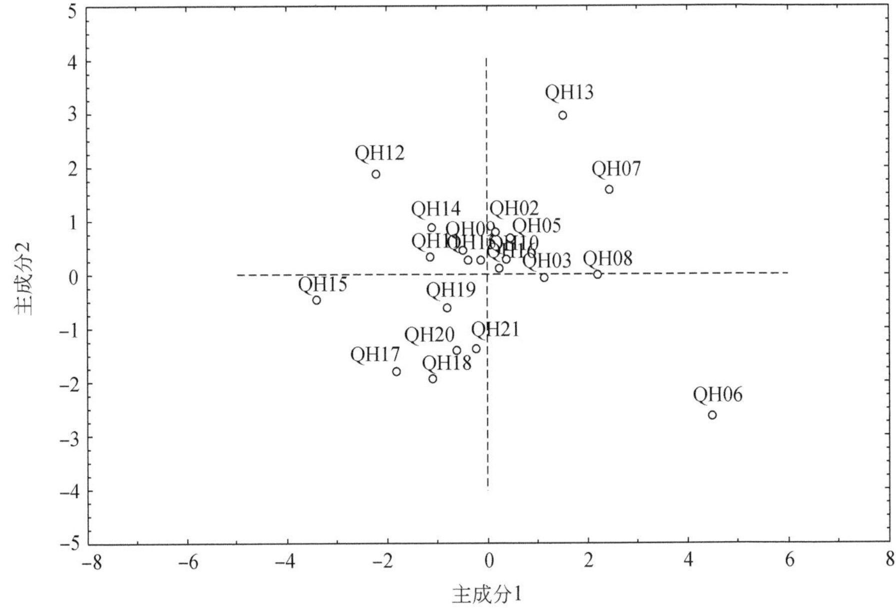

图 4.3 黄河上游典型区域青海段 21 个样点在因子空间上的投影

4.2　黄河上游甘肃段底泥重金属主成分分析

4.2.1　甘肃段底泥 8 种重金属的主成分分析

利用 Statistica 软件，采用主成分提取法得到 8 种重金属元素（Cu、Fe、Mn、Ni、Zn、Cr、Pb 和 Cd）的分析表见表 4.4。

表 4.4　黄河上游典型区域甘肃段 8 种重金属元素主成分提取分析表

主成分	特征值	贡献率/%	累计贡献率/%
1	4.016	50.200	50.200
2	1.375	17.183	67.383
3	1.135	14.189	81.572
4	0.666	8.326	89.899
5	0.504	6.300	96.199
6	0.207	2.592	98.791
7	0.084	1.050	99.841
8	0.013	0.159	100.000

一般把主成分对应的最小特征值设置为 1.00，从而进行主成分因子分析，这里共提取出 2 个主成分因子（表 4.5）。黄河上游甘肃段底泥沉积物中 8 种重金属的所有信息由 2 个主成分因子反映出，共占总方差的 67.383%。主成分 1 的贡献率最高，为 50.200%，重金属元素 Mn、Zn、Cd、Cr 在主成分 1 上有较高的正荷载，分别为 0.912、0.850、0.803、0.823，也就是主成分 1 反映了 Mn、Zn、Cd、Cr 的富集程度，表明这四种重金属的分布具有相同的特征。主成分 2 的贡献率为 17.183%，元素 Cu、Zn、Pb 在主成分 2 上有较高的正荷载，分别为 0.343、0.341、0.576，也就是主成分 2 反映了 Cu、Zn、Pb 的富集程度，表明这三种重金属的分布具有相同的特征（图 4.4）（Shang et al.，2015a）。

表 4.5　黄河上游典型区域甘肃段底泥中重金属总含量的主成分分析

元素	主成分 1	主成分 2
Cu	0.711	0.343
Fe	0.664	−0.691
Mn	0.912	0.038

续表

元素	主成分 1	主成分 2
Ni	0.047	−0.196
Zn	0.850	0.341
Cd	0.803	−0.533
Cr	0.823	0.089
Pd	0.439	0.576
特征值	4.016	4.782
贡献率/%	50.200	17.183
累计贡献率/%	50.200	67.383

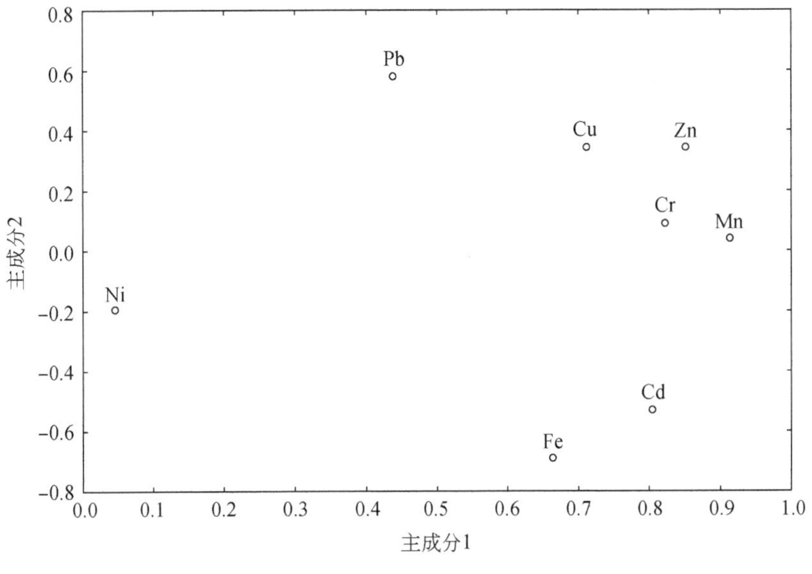

图 4.4 黄河上游典型区域甘肃段 8 种重金属元素主成分因子荷载

黄河上游甘肃段 8 种重金属元素在因子空间上的投影图中，变量离圆心越远，说明变量与因子之间的相关系数较大。Cu、Zn、Mn、Cr 这四种重金属聚为一簇，Fe、Cd 这两种重金属聚为一簇，可以比较直观地反映这些重金属之间的亲疏关系(图 4.5)。

4.2.2 甘肃段 29 个样点的主成分分析

根据黄河上游甘肃段 29 个样点的主成分得分，给予各样点的定量化描述，得分越大说明该样点与相关的指标关系密切(表 4.6)。

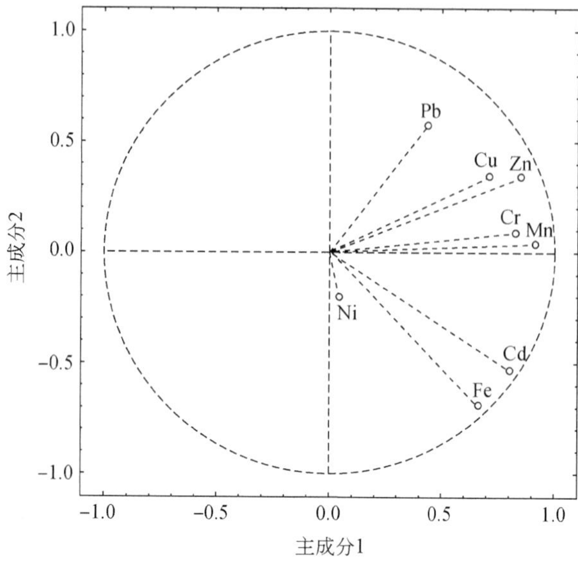

图 4.5 黄河上游典型区域甘肃段 8 种重金属元素在因子空间上的投影

表 4.6 黄河上游典型区域甘肃段样点的主成分得分

样点	主成分 1	主成分 2
GS01	3.102	1.816
GS02	−2.406	−0.155
GS03	4.008	−0.095
GS04	−1.257	0.207
GS05	0.485	0.154
GS06	−1.347	−0.696
GS07	−1.605	0.600
GS08	−1.976	0.508
GS09	−2.036	0.287
GS10	1.736	0.524
GS11	−1.525	−0.597
GS12	1.539	0.274
GS13	−0.920	0.086
GS14	2.074	0.998
GS15	−1.738	−0.011
GS16	−0.970	0.167
GS17	−0.780	0.325
GS18	2.936	1.846
GS19	0.043	0.533

续表

样点	主成分 1	主成分 2
GS20	−1.243	0.127
GS21	0.968	−0.610
GS22	0.498	−1.081
GS23	0.015	−0.264
GS24	−2.901	0.209
GS25	−2.760	−0.671
GS26	−0.401	−0.094
GS27	3.323	−4.994
GS28	3.270	1.052
GS29	−0.131	−0.444

样点 GS03 在主成分 1 上得分最高，说明该样点处重金属元素 Mn、Zn、Cd、Cr 含量较高；而样点 GS24 在主成分 1 上的得分最低，说明该样点处重金属元素 Mn、Zn、Cd、Cr 含量较低。同样，GS01、GS18 在主成分 2 上的得分最高，说明该样点处重金属元素 Cu、Zn、Pb 含量较高；而 GS27 在主成分 2 上得分最低，说明该样点处重金属元素 Cu、Zn、Pb 含量较低(图 4.6)。

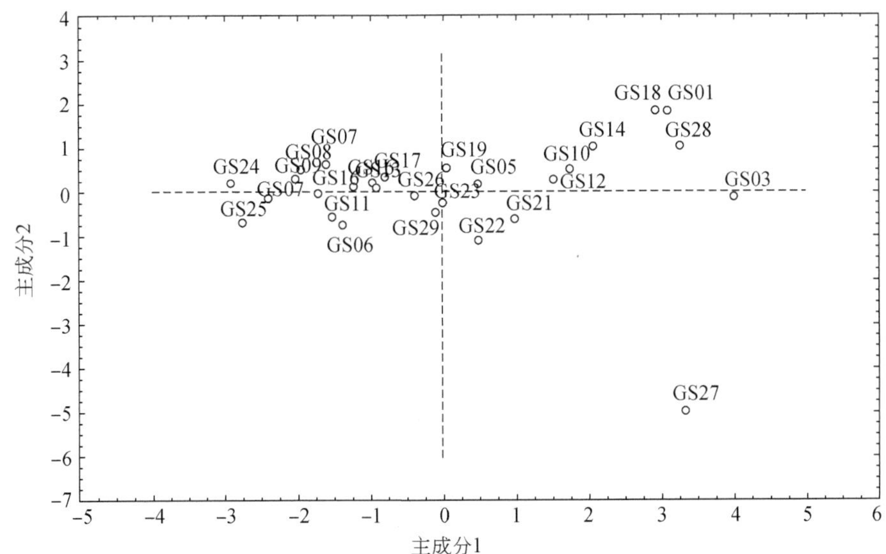

图 4.6 黄河上游典型区域甘肃段 29 个样点在因子空间上的投影

4.3　黄河上游宁夏段底泥重金属主成分分析

4.3.1　宁夏段底泥 8 种重金属的主成分分析

利用 Statistica 软件，采用主成分提取法得到 8 种重金属元素（Cu、Fe、Mn、Ni、Zn、Cr、Pb 和 Cd）的分析见表 4.7。

表 4.7　黄河上游典型区域宁夏段 8 种重金属元素主成分提取分析表

主成分	特征值	贡献率/%	累计贡献率/%
1	4.093	51.159	51.159
2	1.657	20.714	71.873
3	1.105	13.809	85.682
4	0.447	5.584	91.266
5	0.283	3.540	94.806
6	0.204	2.547	97.353
7	0.121	1.512	98.865
8	0.091	1.135	100.000

一般把主成分对应的最小特征值设置为 1.00，从而进行主成分因子分析，这里共提取出 2 个主成分因子(表 4.8)。黄河上游宁夏段底泥沉积物中 8 种重金属的所有信息由 2 个主成分因子反映出，共占总方差的 71.873%。主成分 1 的贡献率最高，为 51.159%，重金属元素 Fe、Mn、Zn、Cd 在主成分 1 上有较高的负荷载，分别为 −0.845、−0.934、−0.831、−0.861，也就是主成分 1 反映了 Fe、Mn、Zn、Cd 的富集程度，表明这四种重金属的分布具有相同的特征；主成分 2 的贡献率为 20.714%，元素 Cr、Pb 在主成分 2 上有较高的负荷载，分别为 −0.466、−0.533，也就是主成分 2 反映了 Cr、Pb 的富集程度，表明这两种重金属的分布具有相同的特征(图 4.7)。

表 4.8　黄河上游典型区域宁夏段底泥中重金属总含量的主成分分析

元素	主成分 1	主成分 2
Cu	−0.712	0.449
Fe	−0.845	−0.379
Mn	−0.934	−0.000
Ni	−0.284	0.852
Zn	−0.831	0.213
Cd	−0.861	−0.199

续表

元素	主成分 1	主成分 2
Cr	−0.684	−0.466
Pb	0.137	−0.533
特征值	4.093	1.657
贡献率/%	51.159	20.714
累计贡献率/%	51.159	71.873

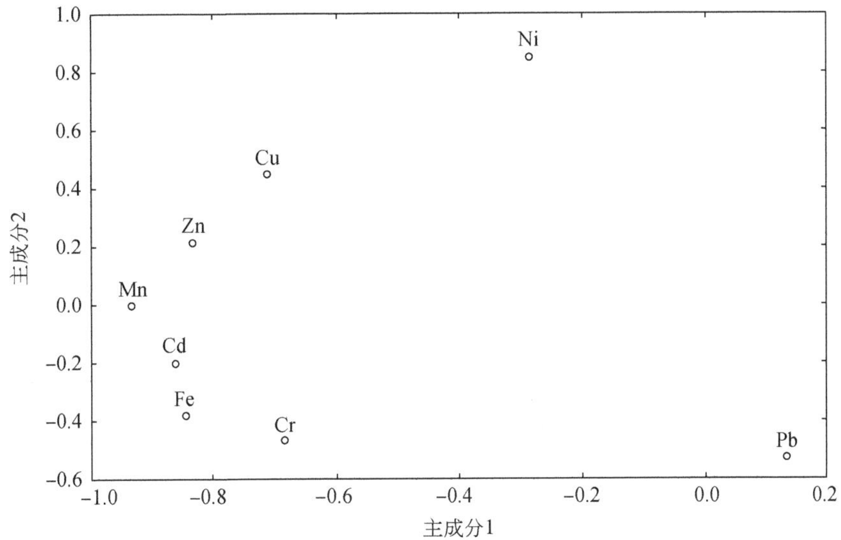

图 4.7 黄河上游典型区域宁夏段 8 种重金属元素主成分因子荷载

黄河上游宁夏段 8 种重金属元素在因子空间上的投影图中，变量离圆心越远，说明变量与因子之间的相关系数较大。Fe、Cd、Cr 这三种重金属聚为一簇(图 4.8)。

4.3.2 宁夏段 37 个样点的主成分分析

根据黄河上游宁夏段 37 个样点的主成分得分，给予各样点的定量化描述，得分越大说明该样点与相关的指标关系密切。宁夏段样点的主成分得分结果如表 4.9所示。

样点 NX01 在主成分 1 上得分最高，说明该样点处重金属元素 Fe、Mn、Zn、Cd 含量较高；而样点 NX20 在主成分 1 上的得分最低，说明该样点处重金属元素 Fe、Mn、Zn、Cd 含量较低。同样，NX33 在主成分 2 上的得分最高，说明该样点处重金属元素 Cr、Pb 含量较高；而 NX17 在主成分 2 上得分最低，说明该样点处重金属元素 Cr、Pb 含量较低(图 4.9)(Shang et al.，2015a)。

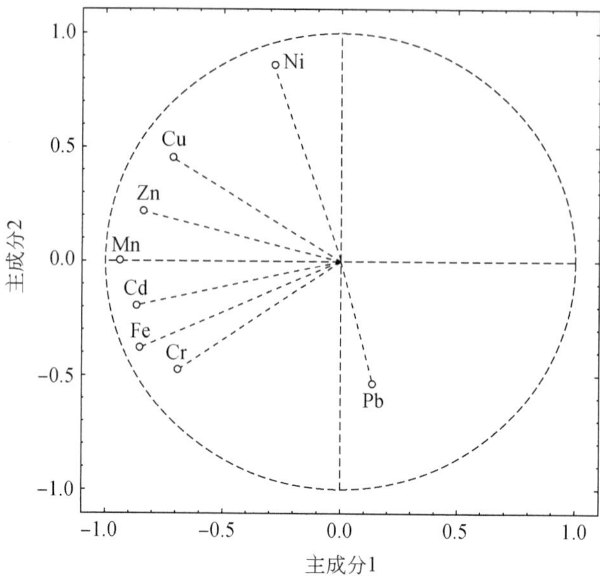

图 4.8 黄河上游典型区域宁夏段 8 种重金属元素在因子空间上的投影

表 4.9 黄河上游典型区域宁夏段样点的主成分得分

样点	主成分 1	主成分 2
NX01	5.074	−0.650
NX02	−1.123	1.558
NX03	0.521	0.283
NX04	0.547	0.299
NX05	−1.013	0.313
NX06	1.365	0.414
NX07	−0.479	0.581
NX08	−0.700	0.905
NX09	3.777	0.219
NX10	−1.435	−0.254
NX11	1.882	−3.517
NX12	−0.537	0.583
NX13	−1.002	−0.825
NX14	0.703	1.026
NX15	−1.718	0.574
NX16	2.686	0.044
NX17	0.267	−4.201

续表

样点	主成分 1	主成分 2
NX18	2.070	0.342
NX19	1.841	1.019
NX20	−3.694	−1.661
NX21	−3.034	0.264
NX22	−1.783	0.023
NX23	0.420	0.222
NX24	−2.155	−2.182
NX25	−0.241	−2.260
NX26	3.277	0.271
NX27	1.308	0.286
NX28	−1.321	1.251
NX29	−2.802	0.994
NX30	−1.674	0.320
NX31	1.170	0.539
NX32	1.869	0.970
NX33	−0.734	1.641
NX34	−2.014	1.100
NX35	2.242	0.543
NX36	−1.852	−0.517
NX37	−1.706	−0.518

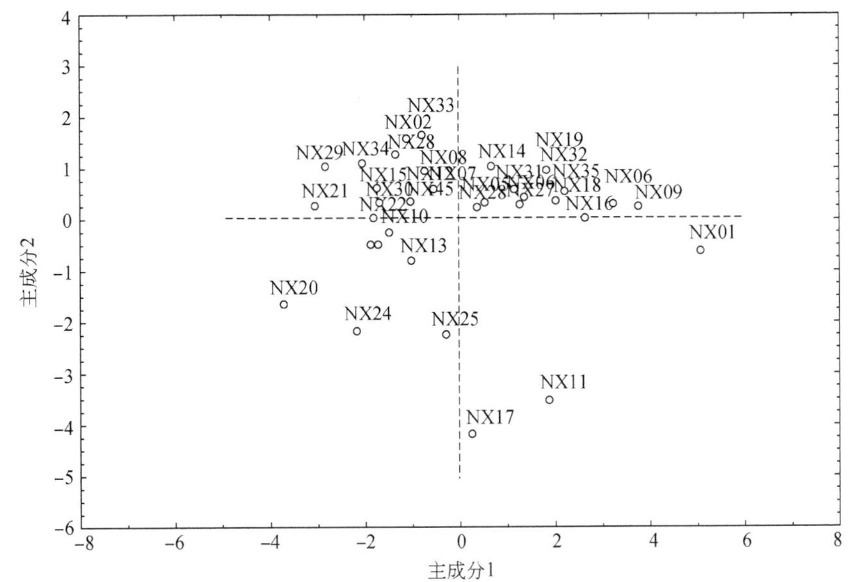

图 4.9 黄河上游典型区域宁夏段 37 个样点在因子在空间上的投影

4.4 黄河上游内蒙古段底泥重金属主成分分析

4.4.1 内蒙古段底泥 8 种重金属的主成分分析

利用 Statistica 软件，采用主成分提取法得到 8 种重金属元素（Cu、Fe、Mn、Ni、Zn、Cr、Pb 和 Cd）的分析见表 4.10。

表 4.10 黄河上游典型区域内蒙古段 8 种重金属元素主成分提取分析表

主成分	特征值	贡献率/%	累计贡献率/%
1	3.971	49.642	49.642
2	1.273	15.908	65.550
3	1.099	13.733	79.283
4	0.950	11.873	91.155
5	0.318	3.972	95.127
6	0.179	2.231	97.358
7	0.123	1.537	98.895
8	0.088	1.105	100.000

一般把主成分对应的最小特征值设置为 1.00，从而进行主成分因子分析，这里共提取出 2 个主成分因子。甘肃段底泥中重金属总含量的主成分分析结果如表 4.11 所示。

表 4.11 黄河上游典型区域内蒙古段底泥中重金属总含量的主成分分析

元素	主成分 1	主成分 2
Cu	0.755	−0.490
Fe	0.872	0.212
Mn	0.873	0.136
Ni	0.369	−0.586
Zn	0.838	−0.331
Cd	0.723	0.347
Cr	0.701	0.520
Pb	0.154	−0.355
特征值	3.971	1.273
贡献率/%	49.642	15.908
累计贡献率/%	49.642	65.550

黄河上游内蒙古段底泥沉积物中8种重金属的所有信息由2个主成分因子反映出，共占总方差的65.550%。主成分1的贡献率最高，为49.642%，重金属元素Fe、Mn、Zn在主成分1上有较高的正荷载，分别为0.872、0.873、0.838，也就是主成分1反映了Fe、Mn、Zn的富集程度，表明这三种重金属的分布具有相同的特征；主成分2的贡献率为15.908%，元素Cu、Ni在主成分2上有较高的负荷载，分别为−0.490、−0.586，也就是主成分2反映了Cu、Ni的富集程度，表明这两种重金属的分布具有相同的特征(图4.10)。

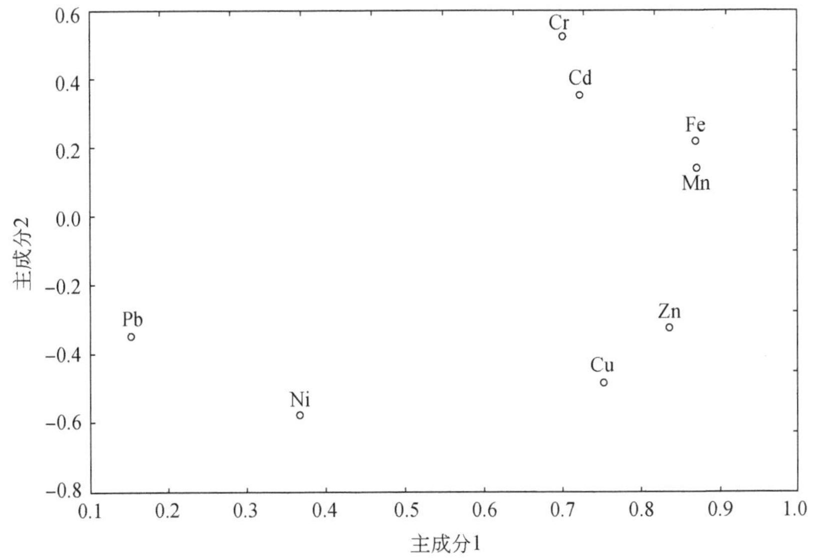

图4.10　黄河上游典型区域内蒙古段8种重金属元素主成分因子荷载

黄河上游内蒙古段8种重金属元素在因子空间上的投影图中，变量离圆心越远，说明变量与因子之间的相关系数较大。Fe、Mn、Cd、Cr这四种重金属聚为一簇，Cu、Zn这两种重金属聚为一簇。图4.11可以比较直观地反映出这些重金属之间的亲疏关系。

4.4.2　内蒙古段38个样点的主成分分析

根据黄河上游内蒙古段38个样点的主成分得分，给予各样点的定量化描述，得分越大说明该样点与相关的指标关系密切。内蒙古段样点的主成分得分结果(表4.12)。

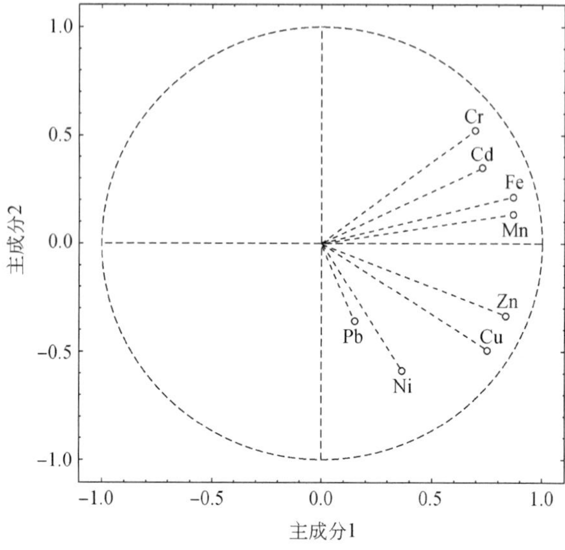

图 4.11　黄河上游典型区域内蒙古段 8 种重金属元素在因子空间上的投影

表 4.12　黄河上游典型区域内蒙古段样点的主成分得分

样点	主成分 1	主成分 2
NM01	−0.222	−1.091
NM02	0.477	0.815
NM03	0.572	0.616
NM04	−1.422	1.521
NM05	2.593	−1.236
NM06	6.791	−0.067
NM07	−0.115	−0.612
NM08	−1.710	0.830
NM09	−1.743	0.018
NM10	0.317	1.348
NM11	3.229	0.007
NM12	1.787	−1.059
NM13	−0.743	2.015
NM14	−1.593	0.695
NM15	0.272	−0.947
NM16	−3.068	−0.874
NM17	−0.520	0.132
NM18	1.715	0.928
NM19	−3.050	−0.482
NM20	−0.946	1.366

续表

样点	主成分 1	主成分 2
NM21	0.260	−1.022
NM22	4.048	−0.263
NM23	−0.448	0.902
NM24	−1.851	−1.041
NM25	−2.373	−0.999
NM26	−1.493	−0.407
NM27	1.063	1.310
NM28	2.271	0.014
NM29	−2.312	−0.648
NM30	−0.011	−2.079
NM31	0.223	−1.760
NM32	−1.332	−0.113
NM33	0.671	2.576
NM34	0.352	−0.659
NM35	−0.516	−1.869
NM36	0.605	0.976
NM37	−1.786	1.553
NM38	0.006	−0.395

样点 NM06 在主成分 1 上得分最高，说明该样点处重金属元素 Fe、Mn、Zn 含量较高；而样点 NM16 和 NM19 在主成分 1 上的得分最低，说明该样点处重金属元素 Fe、Mn、Zn 含量较低。同样，NM33 在主成分 2 上的得分最高，说明该样点处重金属元素 Cu、Ni 含量较高；而 NM30 在主成分 2 上得分最低，说明该样点处重金属元素 Cu、Ni 含量较低(图 4.12)。

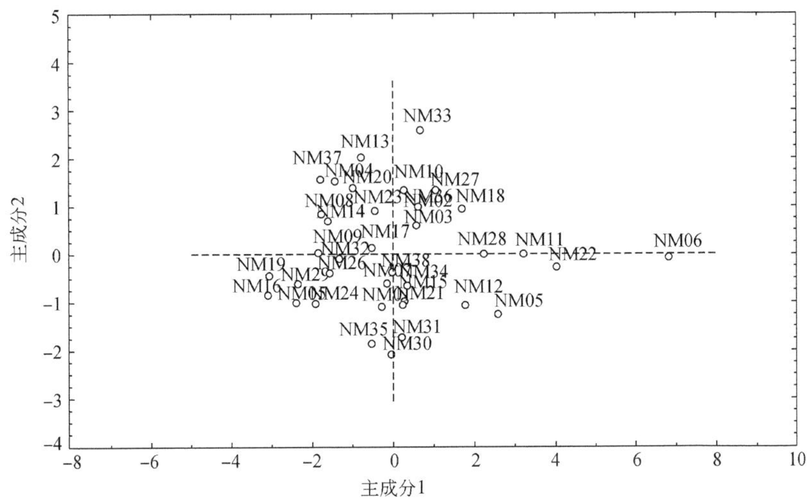

图 4.12　黄河上游典型区域内蒙古段 38 个样点在因子空间上的投影

5　黄河上游典型区域底泥重金属的聚类分析

聚类分析包括一系列不同的分类算法。在许多研究领域中存在的普遍问题是如何把观测数据组织成有意义的结构，即发展分类法。聚类分析的一般原则是使同一类中的个体差异最小，不同类之间的个体差异性最大。Statistaca 软件的聚类分析模块主要给出了 Joining(Tree Clustering)系统聚类，Two-way Joining(Block Clustering)二维系统聚类和 K-means Clustering 快速聚类三种方法。系统聚类是使用一定的相似距离测度方法不断地把性质最接近的两类合并成更大的类，最后所有的样本全在一类。系统聚类的典型结果之一是产生一张层级树状图(易丹辉，2002)。

5.1　黄河上游青海段底泥重金属的聚类分析

5.1.1　青海段金属间的聚类分析

欧氏距离表征的是各性状之间的"亲属关系"或者相似性。欧氏距离最小值为 Fe 和 Cu 之间，欧氏距离为 3.21，其次为 Cr 和 Cd 之间，欧氏距离为 3.62(表 5.1)。

表 5.1　黄河上游典型区域青海段底泥 8 种重金属之间的欧氏距离表

金属	Cu	Fe	Mn	Ni	Zn	Cd	Cr	Pb
Cu	0.00							
Fe	3.21	0.00						
Mn	5.48	4.35	0.00					
Ni	5.36	5.95	5.52	0.00				
Zn	5.18	4.77	5.30	6.63	0.00			
Cd	5.38	5.81	5.66	4.87	5.06	0.00		
Cr	6.12	6.35	4.54	5.22	6.12	3.62	0.00	
Pb	6.17	5.83	5.25	6.63	6.02	4.64	3.69	0.00

应用系统聚类中的最短距离法，根据各金属之间的欧式距离绘制聚类过程阶梯图及聚类图(图 5.1 和图 5.2)。根据青海段底泥重金属的合并进度图，当单链距

离为 3.68～4.34 时聚类过程发生跃变，宜选单链距离(Ld)为 4.2 作为聚类分析结合线，将黄河上游内蒙古段底泥重金属分为五类(Ⅰ～Ⅴ类)：

Ⅰ类：当 $Ld \geqslant 3.21$ 时，Cu、Fe；

Ⅱ类：当 $Ld \geqslant 3.69$ 时，Cd、Cr、Pb；

Ⅲ类：当 $Ld \geqslant 4.35$ 时，Mn；

Ⅳ类：当 $Ld \geqslant 4.78$ 时，Zn；

Ⅴ类：当 $Ld \geqslant 4.87$ 时，Ni。

通过对 8 种重金属的数据进行聚类(图 5.2)，得到五类。Ⅰ类中 Cu 和 Fe 浓度在各个采样点变化保持一致。Ⅱ类中 Cd、Cr、Pb 的浓度，在各个采样点变化基本保持一致。Mn、Zn、Ni 的浓度变化相对独立分别单独分为一类。

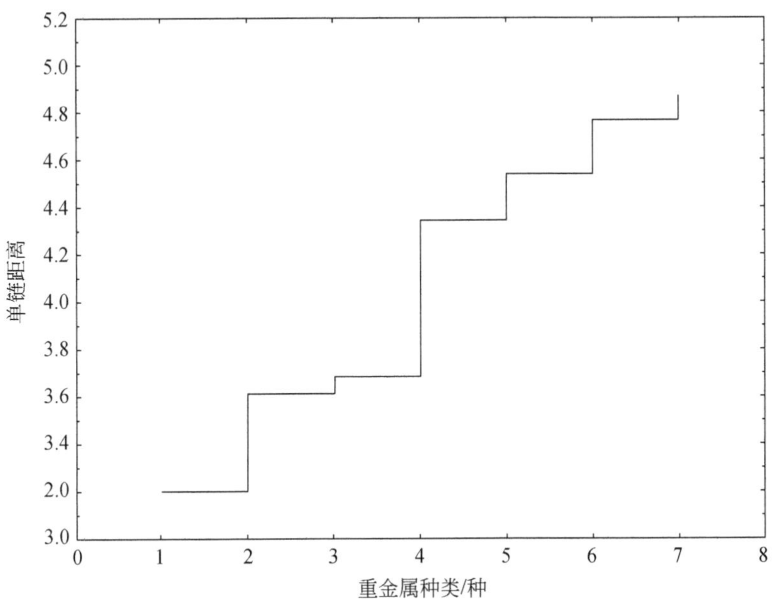

图 5.1　黄河上游典型区域青海段底泥 8 种重金属合并进度图

5.1.2　青海段样点间的聚类分析

应用系统聚类中的最短距离法，根据 21 个样点的欧氏距离绘制聚类过程阶梯图及聚类图(图 5.3 和图 5.4)。根据青海段 21 个样点进度表，单链距离为 2.08～2.47 时，聚类过程发生跃变，可以选择单链距离为 2.40 时作为聚类分析结合线，将青海段测样点分为八类(Ⅰ～Ⅷ类)：

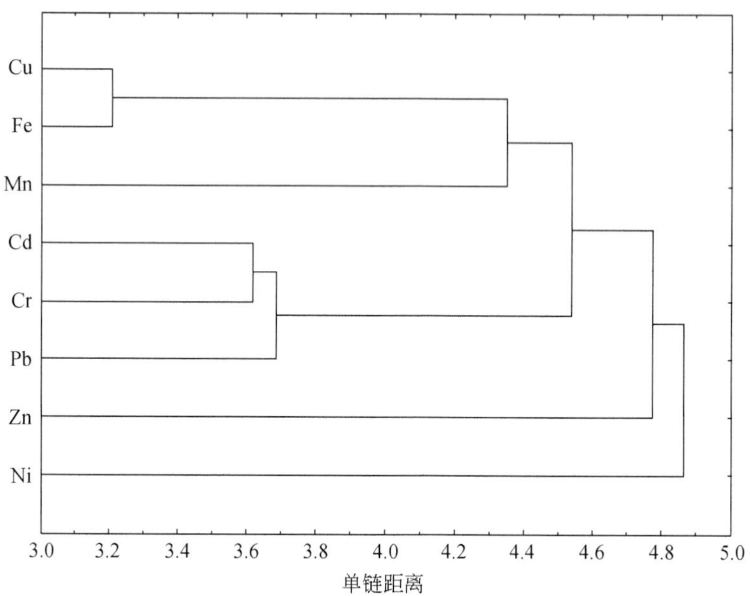

图 5.2　黄河上游典型区域青海段底泥 8 种重金属聚类树状图

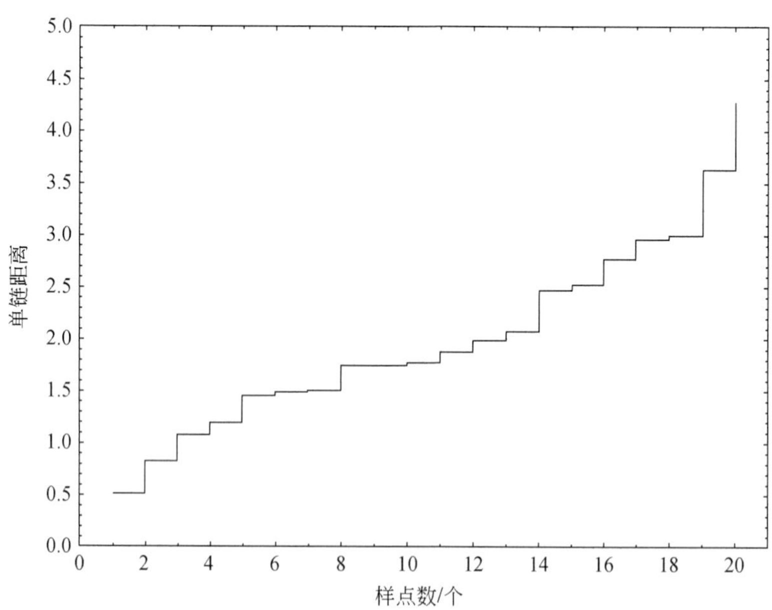

图 5.3　黄河上游典型区域青海段样点合并进度图

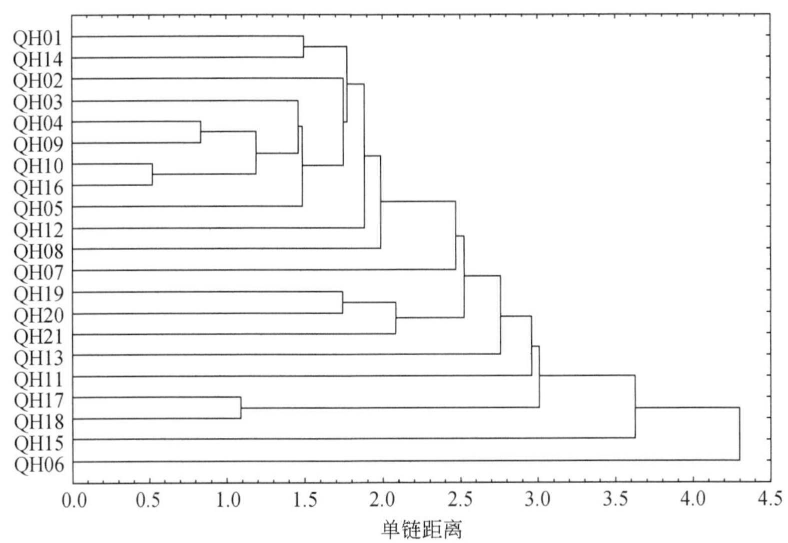

图 5.4 黄河上游典型区域青海段样点聚类树状图

Ⅰ类：当 $Ld \geqslant 1.9877$ 时，样点 QH01、样点 QH14、样点 QH02、样点 QH03、样点 QH04、样点 QH09、样点 QH10、样点 QH16、样点 QH05、样点 QH12、样点 QH08；

Ⅱ类：当 $Ld \geqslant 2.08$ 时，样点 QH19、样点 QH20、样点 QH21；

Ⅲ类：当 $Ld \geqslant 2.47$ 时，样点 QH07；

Ⅳ类：当 $Ld \geqslant 2.77$ 时，样点 QH13；

Ⅴ类：当 $Ld \geqslant 2.96$ 时，样点 QH11；

Ⅵ类：当 $Ld \geqslant 3.01$ 时，样点 QH17、样点 QH18；

Ⅶ类：当 $Ld \geqslant 3.62$ 时，样点 QH15；

Ⅷ类：当 $Ld \geqslant 4.29$ 时，样点 QH06。

通过对黄河上游青海段 21 个样点进行聚类，得到八类。Ⅰ类 11 个样点重金属浓度变化基本一致，Ⅱ类中样点 QH19、样点 QH20、样点 QH21 的重金属浓度变化基本一致，Ⅲ类中样点 QH07 的 Cu、Zn 含量最少单独分为一类，Ⅲ类中样点 QH13 的 Fe、Mn 含量最少单独分为一类，Ⅴ类样点 QH11 的 Ni 含量最高单独分为一类，Ⅵ类样点 QH17、样点 QH18 的重金属浓度变化一致聚为一类，Ⅶ类中样点 QH15 中 Zn 含量最高单独分为一类，Ⅷ类 QH06 中 Cd、Cr 浓度为零单独分为一类(图 5.3 图 5.4)。

5.2 黄河上游甘肃段底泥重金属的聚类分析

5.2.1 甘肃段金属间的聚类分析

欧氏距离最小值为 Fe 和 Cd 之间,欧式距离为 2.23(表 5.2)。

表 5.2 黄河上游甘肃段底泥 8 种重金属之间的欧氏距离表

金属	Cu	Fe	Mn	Ni	Zn	Cd	Cr	Pb
Cu	0.00							
Fe	6.55	0.00						
Mn	3.66	5.05	0.00					
Ni	7.68	7.00	8.03	0.00				
Zn	4.34	6.09	3.74	7.29	0.00			
Cd	5.96	2.23	4.39	7.11	5.59	0.00		
Cr	5.95	5.87	3.96	7.18	3.82	4.63	0.00	
Pb	6.17	7.48	6.59	7.05	5.32	6.86	5.74	0.00

应用系统聚类中的最短距离法,根据各金属之间的欧式距离绘制聚类过程阶梯图及聚类图(图 5.5 和图 5.6)。根据黄河上游甘肃段底泥重金属的合并进度图,当单链距离为 3.82～4.39 时聚类过程发生跃变,宜选单链距离为 4.00 作为聚类分析结合线,将黄河上游甘肃段底泥重金属分为四类(Ⅰ～Ⅳ类):

Ⅰ类:当 $Ld \geqslant 2.23$ 时,Fe、Cd;

Ⅱ类:当 $Ld \geqslant 3.82$ 时,Cu、Mn、Zn、Cd;

Ⅲ类:当 $Ld \geqslant 5.32$ 时,Pb;

Ⅳ类:当 $Ld \geqslant 6.99$ 时,Ni。

通过对 8 种重金属的数据进行聚类,得到四类:Ⅰ类包含 Fe、Cd;Ⅱ类包含 Cu、Mn、Zn、Cd;Ⅲ类包含 Pb;Ⅳ类包含 Ni。

5.2.2 甘肃段样点间的聚类分析

应用系统聚类中的最短距离法,根据 29 个样点之间的欧式距离绘制聚类过程阶梯图及聚类图(图 5.7 和图 5.8)。根据黄河上游甘肃段 29 个样点的合并进度图,单链距离为 2.15～2.36 时,聚类过程发生跃变,宜选单链距离为 2.2 作为聚类分析结合线,将黄河上游甘肃段底泥重金属分为六类(Ⅰ～Ⅵ类):

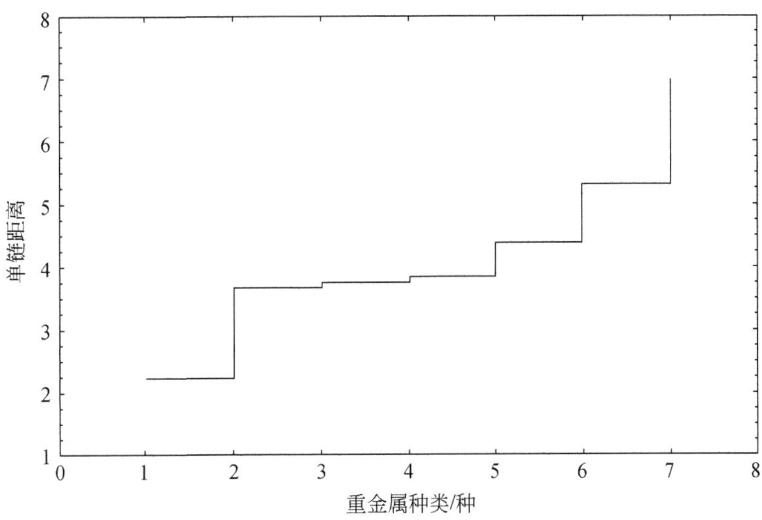

图 5.5　黄河上游典型区域甘肃段 8 种重金属合并进度图

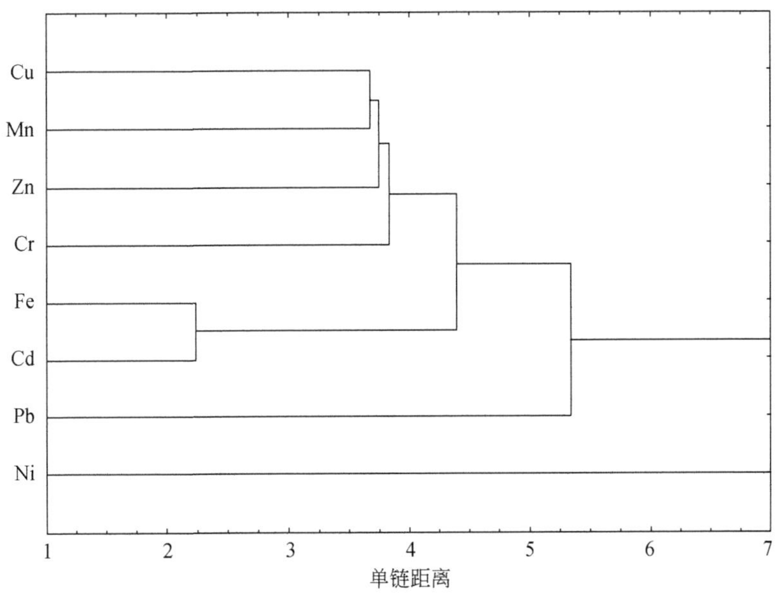

图 5.6　黄河上游典型区域甘肃段底泥 8 种重金属聚类树状图

Ⅰ类：当 $Ld \geqslant 2.0039$ 时，样点 GS02、样点 GS25、样点 GS20、样点 GS07、样点 GS08、样点 GS09、样点 GS24、样点 GS04、样点 GS17、样点 GS05、样点 GS19、样点 GS26、样点 GS29、样点 GS10、样点 GS12、样点 GS15、样点 GS06、样点 GS11、样点

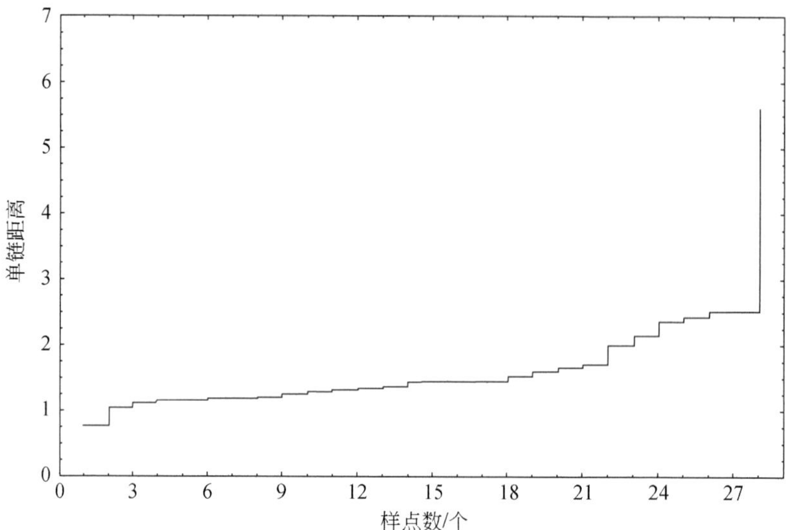

图 5.7 黄河上游典型区域甘肃段样点合并进度

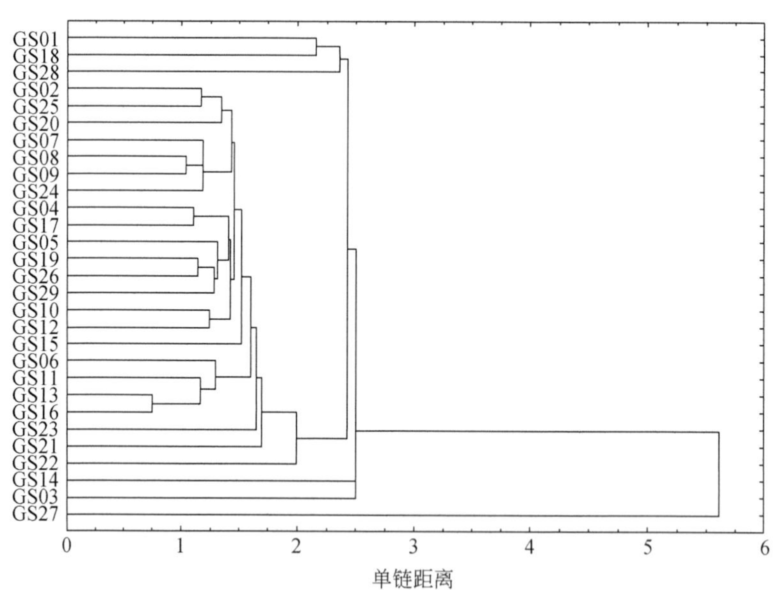

图 5.8 黄河上游典型区域甘肃段样点聚类树状图

GS13、样点 GS16、样点 GS23、样点 GS21、样点 GS22;

Ⅱ类:当 $Ld \geqslant 2.15$ 时,样点 GS01、样点 GS18;

Ⅲ类:当 $Ld \geqslant 2.36$ 时,样点 GS28;

Ⅳ类：当 $Ld \geqslant 2.50$ 时，样点 GS14；

Ⅴ类：当 $Ld \geqslant 2.51$ 时，样点 GS03；

Ⅵ类：当 $Ld \geqslant 5.62$ 时，样点 GS27。

通过对黄河上游甘肃段测样点进行聚类，得到六类：Ⅰ类样点间的重金属浓度变化基本一致；Ⅱ类样点重金属含量均较高，并且浓度变化基本一致；Ⅲ类样点各重金属变化相对独立单独分为一类；Ⅳ类样点的 Cr 含量最高，单独分为一类；Ⅴ类中的样点含有的 Cu、Mn 最高；Ⅵ类的样点中 Fe 含量最高，单独分为一类。

5.3 黄河上游宁夏段底泥重金属的聚类分析

5.3.1 宁夏段金属间的聚类分析

欧式距离最小值为 Cu 和 Zn 之间，欧式距离为 3.83，其他的依次为 Fe 和 Mn 之间，欧式距离为 3.91(表 5.3)。

表 5.3 黄河上游典型区域宁夏段段底泥 8 种重金属之间的欧氏距离表

金属	Cu	Fe	Mn	Ni	Zn	Cd	Cr	Pb
Cu	0.00							
Fe	6.49	0.00						
Mn	5.28	3.91	0.00					
Ni	6.26	8.95	7.27	0.0				
Zn	3.83	5.39	4.17	7.0	0.00			
Cd	6.05	4.18	4.38	7.8	5.78	0.00		
Cr	8.12	4.80	5.18	8.8	6.87	4.50	0.00	
Pb	8.74	8.49	9.05	10.2	8.54	8.68	8.92	0.0

应用系统聚类中的最短距离法，根据各金属之间的欧式距离绘制聚类过程阶梯图及聚类图(图 5.9 和图 5.10)。根据宁夏段底泥重金属的合并进度图，单链距离为 4.49～6.26 时，聚类过程发生跃变，宜选单链距离为 5.0 作为聚类分析结合线，将黄河上游宁夏段底泥重金属分为三类(Ⅰ～Ⅲ类)：

Ⅰ类：当 $Ld \geqslant 4.49$ 时，Cu、Fe、Mn、Cd、Cr、Zn；

Ⅱ类：当 $Ld \geqslant 6.26$ 时，Ni；

Ⅲ类：当 $Ld \geqslant 8.49$ 时，Pb。

通过对 8 种重金属的数据进行聚类，得到三类：Ⅰ类包含 Cu、Fe、Mn、Cd、Cr、

Zn；Ⅱ类包含 Ni；Ⅲ类包含 Pb。

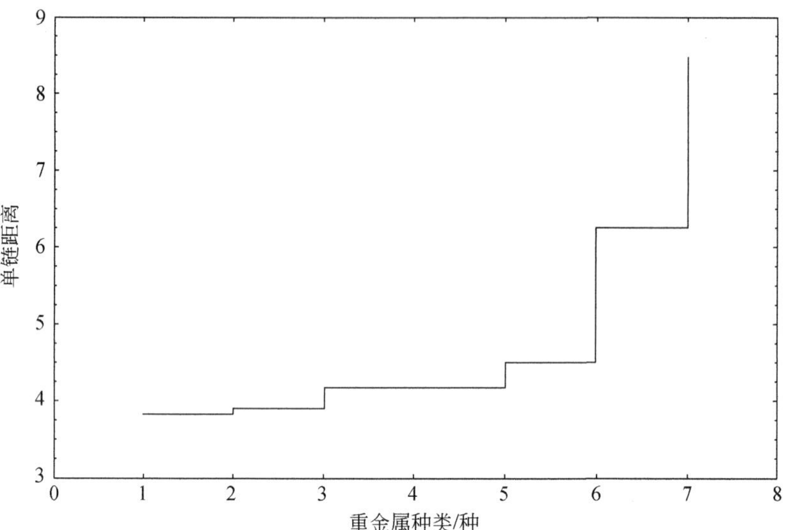

图 5.9　黄河上游典型区域宁夏段 8 种重金属合并进度图

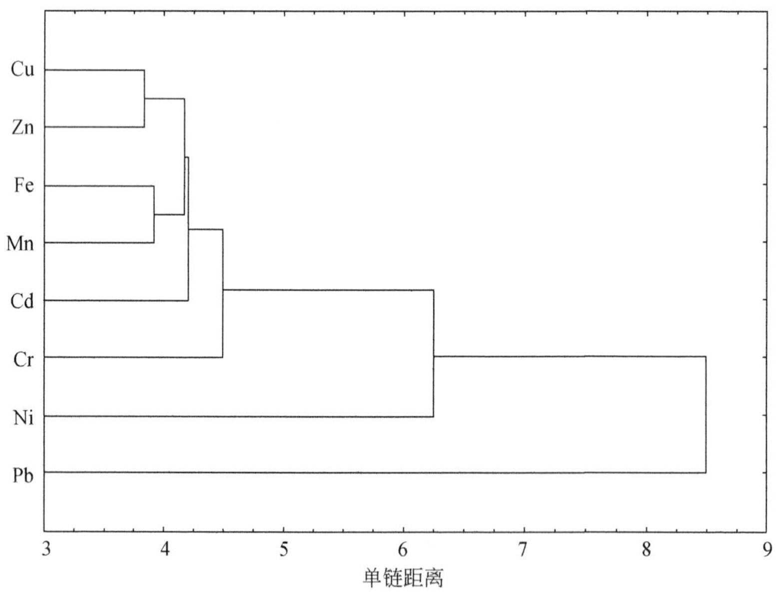

图 5.10　黄河上游典型区域宁夏段底泥 8 种重金属聚类树状图

5.3.2 宁夏段样点间的聚类分析

应用系统聚类中的最短距离法，根据 37 个样点之间的欧式距离绘制聚类过程阶梯图及聚类图(图 5.11 和图 5.12)。根据宁夏段 37 个样点的合并进度图，单链距离为 2.33～2.56 时，聚类过程发生跃变，宜选单链距离为 2.40 作为聚类分析结合线，将黄河上游宁夏段底泥重金属分为六类(Ⅰ～Ⅵ类)：

Ⅰ类：当 $Ld \geqslant 2.33$ 时，样点 NX02、样点 NX07、样点 NX12、样点 NX05、样点 NX08、样点 NX28、样点 NX34、样点 NX10、样点 NX15、样点 NX22、样点 NX30、样点 NX03、样点 NX23、样点 NX27、样点 NX06、样点 NX19、样点 NX32、样点 NX35、样点 NX14、样点 NX31、样点 NX04、样点 NX36、样点 NX18、样点 NX21、样点 NX16、样点 NX29、样点 NX33、样点 NX24、样点 NX37、样点 NX26、样点 NX09、样点 NX13；

Ⅱ类：当 $Ld \geqslant 2.57$ 时，样点 NX01；

Ⅲ类：当 $Ld \geqslant 2.72$ 时，样点 NX25；

Ⅳ类：当 $Ld \geqslant 2.86$ 时，样点 NX20；

Ⅴ类：当 $Ld \geqslant 3.05$ 时，样点 NX17；

Ⅵ类：当 $Ld \geqslant 4.77$ 时，样点 NX11。

通过对黄河上游宁夏段测样点进行聚类，得到六类：Ⅰ类中样点间各重金属含

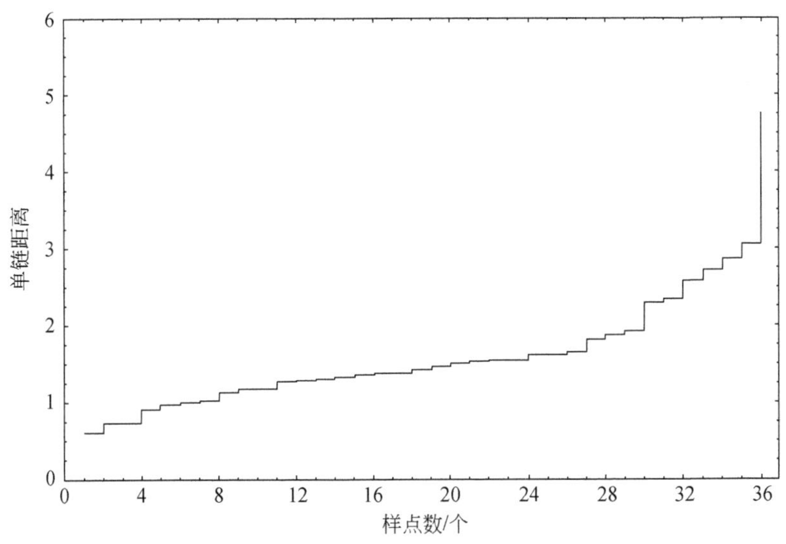

图 5.11　黄河上游典型区域宁夏段样点合并进度图

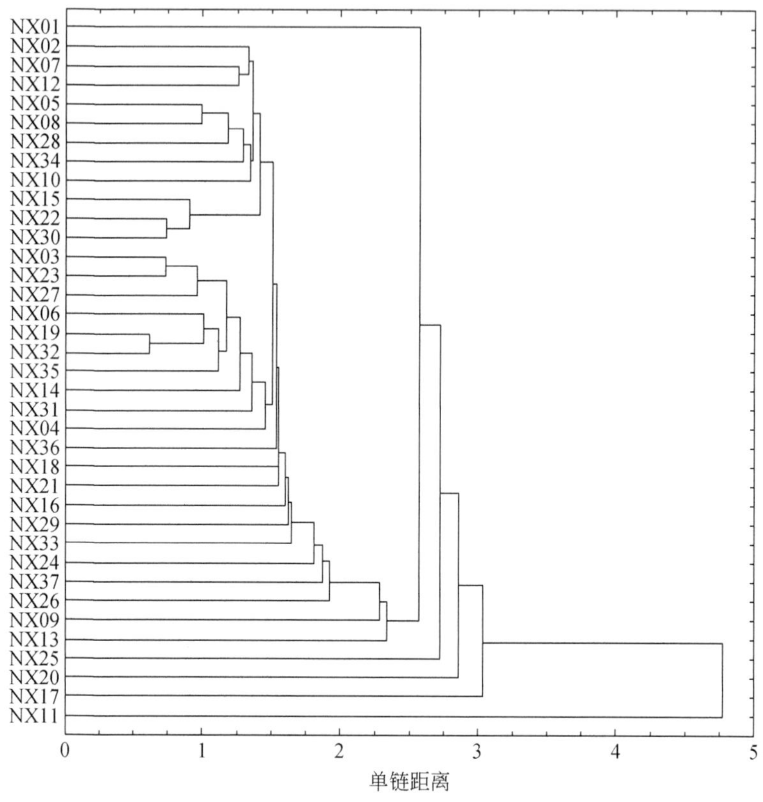

图 5.12 黄河上游典型区域宁夏段样点聚类树状图

量变化基本；Ⅱ类样点中 Cu、Mn 含量明显低于其他样点，单独分为一类；Ⅲ类样点的重金属含量变化相对独立，单独分为一类；Ⅳ类样点的 Fe、Mn、Cd、Cr 的含量均最高，单独分为一类；Ⅴ类样点的 Ni 的含量最少，单独分为一类；Ⅵ类样点的 Pb 含量最高，单独分为一类。

5.4 黄河上游内蒙古段底泥重金属的聚类分析

5.4.1 内蒙古段金属间的聚类分析

欧式距离最小值为 Fe 和 Mn 之间，欧式距离为 2.99，其他的依次为 Cd 和 Cr 之间，欧式距离 3.79，Zn 和 Cu 之间的欧式距离 4.35(表 5.4)。

表 5.4 黄河上游典型区域内蒙古段底泥 8 种重金属之间的欧氏距离表

金属	Cu	Fe	Mn	Ni	Zn	Cd	Cr	Pb
Cu	0.00							
Fe	5.57	0.00						
Mn	5.42	2.99	0.00					
Ni	6.81	8.44	8.05	0.00				
Zn	4.35	4.76	4.59	6.35	0.00			
Cd	6.74	5.86	6.26	7.64	6.84	0.00		
Cr	7.79	5.63	5.74	7.77	6.85	3.79	0.00	
Pb	7.28	8.51	8.66	8.36	8.36	7.75	8.40	0.00

应用系统聚类中的最短距离法，根据各金属之间的欧式距离绘制聚类过程阶梯图及聚类图(图 5.13 和图 5.14)。根据内蒙古段底泥重金属的合并进度图，单链距离为 4.58～5.63 时，聚类过程发生跃变，宜选单链距离为 5.00 作为聚类分析结合线，将黄河上游内蒙古段底泥重金属分为四类(Ⅰ～Ⅳ类)：

Ⅰ类：当 $Ld \geqslant 4.58$ 时，Cu、Zn、Fe、Mn；

Ⅱ类：当 $Ld \geqslant 5.63$ 时，Cd、Cr；

Ⅲ类：当 $Ld \geqslant 6.34$ 时，Ni；

Ⅳ类：当 $Ld \geqslant 7.28$ 时，Pb。

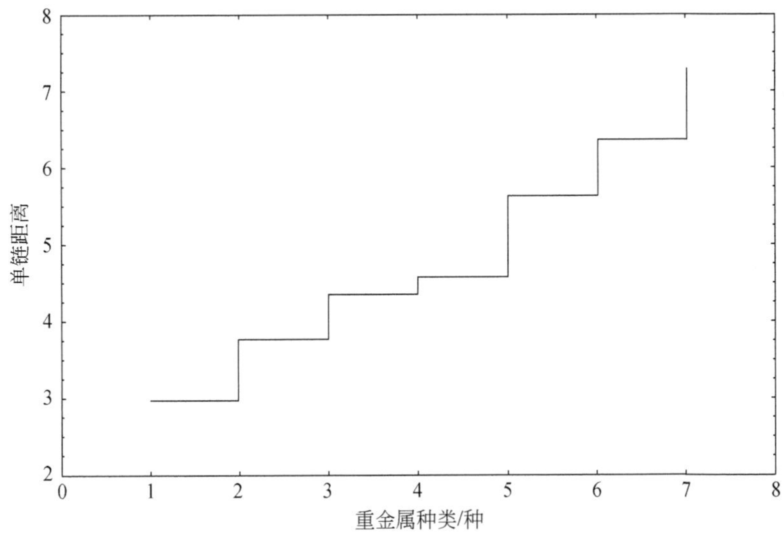

图 5.13 黄河上游典型区域内蒙古段 8 种重金属合并进度图

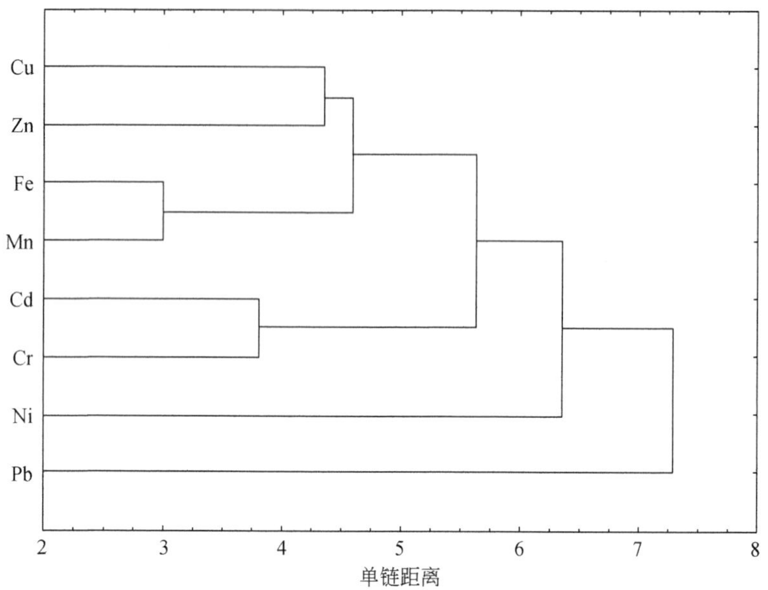

图 5.14　黄河上游典型区域内蒙古段底泥 8 种重金属聚类树状图

通过对八种重金属的数据进行聚类，得到四类：Ⅰ类包括 Cu、Zn、Fe、Mn；Ⅱ类包括 Cd、Cr；Ⅲ类包括 Ni；Ⅳ类包括 Pb。

5.4.2　内蒙古段样点间的聚类分析

应用系统聚类中的最短距离法，根据 38 个样点之间的欧式距离绘制聚类过程阶梯图及聚类图(图 5.15 和图 5.16)。根据内蒙古段 38 个样点的合并进度图，单链距离为 2.19～2.25 时，聚类过程发生跃变，宜选单链距离为 2.20 作为聚类分析结合线，将黄河上游甘肃段底泥重金属分为八类(Ⅰ～Ⅷ类)：

Ⅰ类：当 $Ld \geqslant 1.45$ 时，样点 NM18、样点 NM27；

Ⅱ类：当 $Ld \geqslant 2.19$ 时，样点 NM01、样点 NM15、样点 NM21、样点 NM34、样点 NM07、样点 NM38、样点 NM31、样点 NM35、样点 NM02、样点 NM10、样点 NM23、样点 NM04、样点 NM14、样点 NM08、样点 NM09、样点 NM17、样点 NM16、样点 NM25、样点 NM29、样点 NM19、样点 NM24、样点 NM26、样点 NM11、样点 NM12、样点 NM28、样点 NM36、样点 NM20、样点 NM32、样点 NM37、样点 NM03；

Ⅲ类：当 $Ld \geqslant 2.25$ 时，样点 NM22；

Ⅳ类：当 $Ld \geqslant 2.38$ 时，样点 NM33；

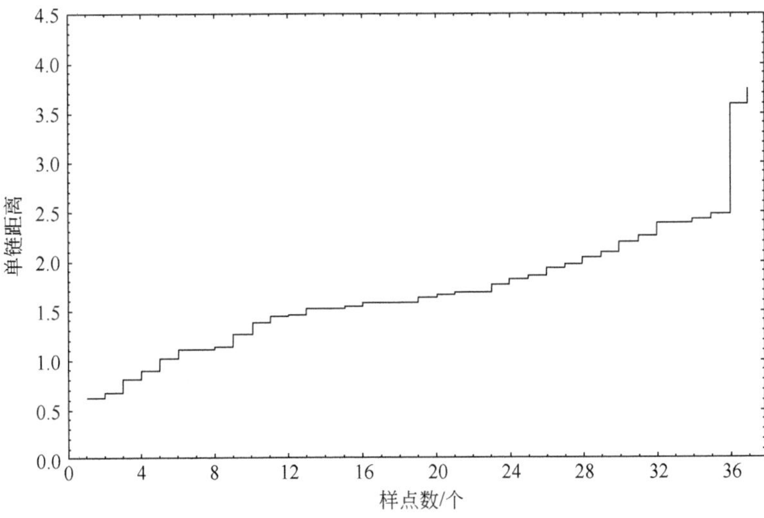

图 5.15 黄河上游典型区域内蒙古段采样点合并进度

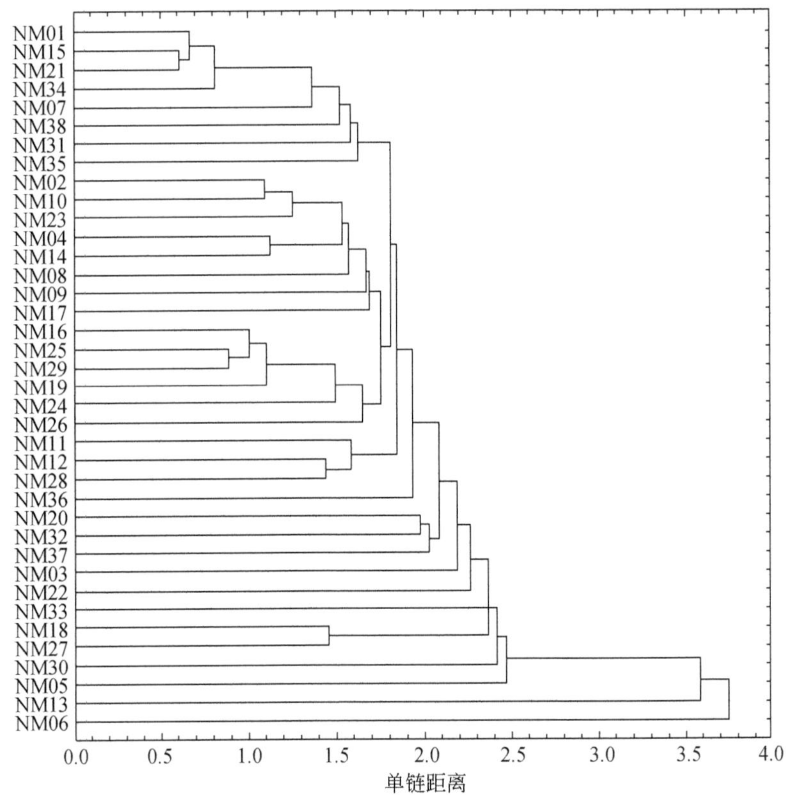

图 5.16 黄河上游典型区域内蒙古段样点聚类树状图

Ⅴ类：当 $Ld\geqslant 2.38$ 时，样点 NM30；

Ⅵ类：当 $Ld\geqslant 2.46$ 时，样点 NM05；

Ⅶ类：当 $Ld\geqslant 3.59$ 时，样点 NM13；

Ⅷ类：当 $Ld\geqslant 3.75$ 时，样点 NM06。

通过对黄河上游内蒙古段 38 个样点进行聚类，得到八类：Ⅰ类样点的重金属含量变化相一致；Ⅱ类样点间的重金属含量变化基本一致；Ⅲ类样点 Zn 的浓度最高；Ⅳ类样点的重金属浓度变化相对独立；Ⅴ类样点的 Pb 浓度最高，单独分为一类；Ⅵ类样点的重金属浓度变化相对独立；Ⅶ类样点中 Cu、Fe 的浓度最低，但含有高浓度的 Cr、Cd；Ⅷ类样点除了 Pb、Cr 之外，各重金属浓度均最高。

6　黄河上游典型城市底泥重金属差异性分析

在黄河上游西宁段、兰州段、银川段和包头段四段中分别设多个取样点，测得黄河上游底泥中8种重金属元素(Cu、Fe、Mn、Ni、Zn、Cd、Cr 和 Pb)4种形态(酸溶态、还原态、氧化态和残渣态)的含量，将所得数据采用单因素方差分析与多重比较(ANOVA)，对不同观测点对黄河上游各段底泥各种重金属含量的差异性进行显著性分析。

6.1　黄河上游西宁段底泥重金属的差异性分析

将实验数据采用单因素方差分析与多重比较，对不同观测点对黄河上游青海段底泥中各种重金属含量的差异性进行显著性分析。

6.1.1　黄河上游青海段底泥中重金属总含量的差异性分析

取青海段样点为QH11～QH15处8种重金属元素总含量数据进行单因素方差分析与多重比较(表6.1)。

表6.1　黄河上游典型区域青海段底泥重金属的方差分析与多重比较

样点	铜含量/(mg/kg)	铁含量/(mg/kg)	锰含量/(mg/kg)	镍含量/(mg/kg)
QH11	15.49±0.50a	16101.67±885.61a	399.02±18.40a	43.05±6.38a
QH12	10.91±0.64b	19040.00±1687.91b	438.63±21.40a	23.57±8.28bc
QH13	9.86±3.17b	8618.33±2142.75c	228.08±67.72b	22.12±4.65bc
QH14	10.99±0.08b	18130.00±589.66ab	437.08±9.45a	15.72±7.96b
QH15	17.19±0.32a	20670.00±1145.15b	424.18±12.41a	29.19±5.85c
F-值	14.52***	33.68***	21.29***	6.98**
样点	锌含量/(mg/kg)	镉含量/(mg/kg)	铬含量/(mg/kg)	铅含量/(mg/kg)
QH11	46.37±3.44ab	0.82±0.04a	65.17±6.05	1.49±1.06
QH12	50.86±3.46ab	0.75±0.07b	84.85±17.85	10.34±5.74
QH13	37.63±9.83b	0.66±0.05b	72.52±1.63	7.08±1.70
QH14	54.63±0.80a	0.66±0.33b	71.13±3.62	7.84±4.26
QH15	74.50±11.22c	0.93±0.07c	74.87±4.21	6.09±4.36
F-值	11.39***	12.24***	1.99	2.13

注:表中数据为平均值±标准差;同列中相同字母表示差异不显著,不同字母表示差异显著; *，**，***分别表示 $P<0.05$,$P<0.01$,$P<0.001$。

由表 6.1 可知，重金属元素 Cu、Fe、Mn、Zn、Cd 总含量随样点的不同极具差异性，重金属元素 Ni 总含量随样点的不同较具有差异性，而重金属元素 Cr、Pb 总含量随样点的不同不具有差异性。样点 QH11、QH15 之间 Cu 的总含量没有显著性差异，QH12、QH13、QH14 之间 Cu 的总含量没有显著性差异，但是 QH11、QH15 处 Cu 的总含量显著高于 QH12、QH13、QH14 处。样点 QH11、QH14 之间 Fe 的总含量没有显著性差异，QH12、QH14、QH15 之间 Fe 的总含量没有显著性差异，但是 QH1、QH14 处 Fe 的总含量显著高于 QH13 处，QH12、QH14、QH15 处 Fe 的总含量显著高于 QH11、QH14 处。样点 QH11、QH12、QH14、QH15 之间 Mn 的总含量没有显著性差异，但是 QH11、QH12、QH14、QH15 处 Mn 的总含量显著高于 QH13 处。样点 QH12、QH13、QH14 之间 Ni 的总含量没有显著性差异，但是 QH15 处 Ni 的总含量都显著高于 QH12、QH13、QH14 处，QH11 处 Ni 的总含量显著高于 QH15 处。样点 QH11、QH12、QH14 之间 Zn 的总含量没有显著性差异，但是 QH11、QH12、QH14 处 Zn 的总含量显著高于 QH13 处，QH15 处 Zn 的总含量显著高于 QH11、QH12、QH14 处。样点 QH11、QH12、QH13 之间 Zn 的总含量没有显著性差异，但 QH14 处 Zn 的总含量显著高于 QH11、QH12、QH13 处，QH15 处 Zn 的总含量显著高于 QH14 处。样点 QH12、QH13、QH14 之间 Cd 的总含量没有显著性差异，但是 QH11 处 Cd 的总含量显著高于 QH12、QH13、QH14 处，QH15 处 Cd 的总含量显著高于 QH11 处。

6.1.2　黄河上游西宁段底泥中重金属酸溶态含量的差异性分析

取西宁段样点为 XN01～XN05 处 8 种重金属元素的酸溶态含量数据进行单因素方差分析与多重比较(表 6.2)。

由表 6.2 可知，重金属元素 Cu、Zn、Cd、Pb 的酸溶态含量随样点的不同极具差异性，重金属元素 Mn 的酸溶态含量随样点的不同较具差异性，而重金属元素 Fe、Ni、Cr 的酸溶态随样点的不同不具差异性。样点 XN01、XN03 之间 Cu 的酸溶态含量没有显著性差异，样点 XN02、XN04、XN05 之间 Cu 的酸溶态含量没有显著性差异，但是 XN02、XN04、XN05 处 Cu 的酸溶态含量显著高于 XN01、XN03 处。样点 XN02、XN03、XN04 之间 Mn 的酸溶态含量没有显著性差异，但是 XN02、XN03、XN04 处 Mn 的酸溶态含量显著高于 XN01 处，显著低于 XN05 处。样点 XN01、XN03 之间 Zn 的酸溶态含量没有显著性差异，样点 XN04、XN05 之间 Zn 的酸溶态含量没有显著性差异，但是 XN01、XN03 处 Zn 的酸溶态含量显著高于 XN02 处，XN02 处 Zn 的酸溶态含量显著高于 XN04、XN05 处。样点 XN04、XN05 之间 Cd 的酸溶态含量没有显著性差异，但是 XN04、XN05 处 Cd 的酸溶态含量显

表 6.2 黄河上游典型区域西宁段底泥中重金属酸溶态含量的方差分析与多重比较

样点	铜含量/(mg/kg)	铁含量/(mg/kg)	锰含量/(mg/kg)	镍含量/(mg/kg)
XN01	3.19±0.06a	89.33±3.82	12.70±0.03a	1.91±0.55
XN02	6.16±0.34b	172.33±65.47	21.72±3.60b	3.10±0.80
XN03	2.74±0.01a	136.23±3.11	22.13±0.32b	2.59±1.46
XN04	6.18±0.11b	210.67±79.44	21.91±1.31b	2.54±0.43
XN05	5.48±0.83b	201.00±65.38	31.90±7.70c	2.37±1.01
F-值	50.53***	2.72	9.3**	0.64
样点	锌含量/(mg/kg)	镉含量/(mg/kg)	铬含量/(mg/kg)	铅含量/(mg/kg)
XN01	4.06±0.35a	0.39±0.20a	6.16±3.88	0.76±0.15a
XN02	2.15±1.98b	0.19±0.07b	4.40±0.42	0.20±0.06b
XN03	4.27±0.08a	0.28±0.04c	5.31±1.06	0.69±0.15a
XN04	1.73±0.18c	0.11±0.02d	4.94±0.42	0.48±0.10c
XN05	0.94±0.30c	0.10±0.05de	1.17±0.66	0.09±0.05b
F-值	19.32***	23.36***	3.24	22.11***

注：表中数据为平均值±标准差；同列中相同字母表示差异不显著，不同字母表示差异显著；*，**，*** 分别表示 $P<0.05$，$P<0.01$，$P<0.001$。

著低于 XN02 处，XN02 处 Cd 的酸溶态含量显著低于 XN01 处。样点 XN01、XN03 之间 Pb 的酸溶态含量没有显著性差异，样点 XN02、XN05 之间 Pb 的酸溶态含量没有显著性差异，但是 XN01、XN03 处 Pb 的酸溶态含量显著高于 XN04 处，XN04 处 Pb 的酸溶态含量显著高于 XN02、XN05 处。

6.1.3 黄河上游西宁段底泥中重金属还原态含量的差异性分析

取西宁段样点为 XN01～XN05 处 8 种重金属元素的还原态含量数据进行单因素方差分析与多重比较(表 6.3)。

由表 6.3 可知，重金属元素 Zn、Cr 的还原态含量随样点的不同极具差异性，重金属元素 Cu、Ni 的还原态含量随样点的不同较具差异性，重金属元素 Fe 的还原态含量随样点的不同具有显著性差异，重金属元素 Mn、Cd、Pb 的还原态含量随样点的不同不具有差异性。样点 XN01、XN02、XN03、XN04 之间 Cu 的还原态含量没有显著性差异，但是 XN01、XN02、XN03、XN04 处 Cu 的还原态含量显著高于 XN05 处。样点 XN01、XN03 之间 Fe 的还原态含量没有显著性差异，样点 XN02、XN04、XN05 之间 Fe 的还原态含量没有显著性差异，但是 XN02、XN04、XN05 处 Fe 的还原态含量显著高于 XN01、XN03 处。样点 XN01、XN03 之间 Ni 的还原态

表 6.3 黄河上游典型区域西宁段底泥中重金属还原态含量的方差分析与多重比较

样点	铜含量/(mg/kg)	铁含量/(mg/kg)	锰含量/(mg/kg)	镍含量/(mg/kg)
XN01	1.73±0.01a	564.67±109.51ab	19.72±7.59	1.72±0.45a
XN02	2.18±0.19a	627.33±27.69a	24.90±1.50	3.27±0.66b
XN03	1.93±0.02a	475.33±16.86b	21.60±4.44	1.56±0.29a
XN04	1.74±0.52a	599.67±62.19a	28.89±0.48	3.23±0.51b
XN05	1.09±0.13b	646.00±46.51a	25.84±1.00	2.97±0.17b
F-值	7.57**	3.56*	2.41	11.12**
样点	锌含量/(mg/kg)	镉含量/(mg/kg)	铬含量/(mg/kg)	铅含量/(mg/kg)
XN01	11.79±1.88a	0.36±0.13	12.45±0.36a	0.56±0.15
XN02	5.14±0.45b	0.29±0.09	10.36±0.29ab	0.99±0.21
XN03	13.23±0.36a	0.34±0.07	9.01±3.11bd	1.02±0.55
XN04	10.97±1.72a	0.28±0.07	10.30±0.60ad	1.28±0.16
XN05	12.14±2.21a	0.26±0.015	2.86±0.19c	1.25±0.39
F-值	12.97***	0.83	19.35***	2.27

注：表中数据为平均值±标准差；同列中相同字母表示差异不显著，不同字母表示差异显著；*，**，***分别表示 $P<0.05$，$P<0.01$，$P<0.001$。

含量没有显著性差异，样点 XN02、XN04、XN05 之间 Ni 的还原态含量没有显著性差异，但是 XN02、XN04、XN05 处 Ni 的还原态含量显著高于 XN01、XN03 处。样点 XN01、XN03、XN04、XN05 之间 Zn 的还原态含量没有显著性差异，但是 XN01、XN03、XN04、XN05 处 Zn 的还原态含量显著高于 XN02 处。样点 XN01、XN02、XN04 处 Cr 的还原态含量没有显著性差异，但是 XN01、XN02、XN04 处 Cr 的还原态含量显著高于 XN03 处。以及 XN05 处，XN03 处 Cr 的还原态含量显著高于 XN05 处。

6.1.4 黄河上游西宁段底泥中重金属氧化态含量的差异性分析

取西宁段样点为 XN01～XN05 处 8 种重金属元素的氧化态含量数据进行单因素方差分析与多重比较(表 6.4)。

由表 6.4 可知，重金属元素 Cd、Cr 的氧化态含量随样点不同极具有差异性，重金属元素 Fe、Mn、Zn、Pb 的氧化态含量随样点不同较具差异性，重金属元素 Cu、Ni 的氧化态含量随样点的不同不具差异性。样点 XN01、XN02、XN04、XN05 之间 Fe 的氧化态含量没有显著性差异，但是 XN01、XN02、XN04、XN05 处 Fe 的氧化态含量显著高于 XN03 处。样点 XN02、XN04、XN05 之间 Fe 的氧化态含量没有显著性差异，样点 XN01、XN03 之间 Fe 的氧化态含量没有显著性差异，但是 XN02、XN04、XN05 处 Fe 的氧化态含量显著高于 XN01、XN03 处。样点 XN01、XN02、

表 6.4　黄河上游典型区域西宁段底泥中重金属氧化态含量的方差分析与多重比较

样点	铜含量/(mg/kg)	铁含量/(mg/kg)	锰含量/(mg/kg)	镍含量/(mg/kg)
XN01	5.27±0.03	130.12±23.67a	115.13±19.52ab	6.58±1.10
XN02	5.02±0.93	150.80±16.15ab	117.80±16.15ab	5.68±0.62
XN03	5.99±0.14	122.42±0.99a	92.24±17.05b	7.06±1.51
XN04	6.01±1.46	166.85±6.87b	145.37±10.00a	6.67±0.70
XN05	550±0.28	148.87±6.83ab	154.36±22.45a	6.29±0.75
F-值	0.49	5.11**	5.82**	0.8
样点	锌含量/(mg/kg)	镉含量/(mg/kg)	铬含量/(mg/kg)	铅含量/(mg/kg)
XN01	6.25±0.02ab	0.12±0.01a	18.06±5.20a	0.53±0.12a
XN02	8.43±1.26ac	0.32±0.04b	10.77±0.59b	0.66±0.18a
XN03	4.10±0.05b	0.57±0.07c	27.29±0.42c	0.28±0.18a
XN04	9.11±3.00ac	0.46±0.05bd	11.70±0.34b	0.51±0.74a
XN05	10.87±2.53c	0.22±0.09ab	7.25±2.65b	3.24±1.25b
F-值	6.17**	28.19***	26.98***	10.49**

注：表中数据为平均值±标准差；同列中相同字母表示差异不显著，不同字母表示差异显著；*，**，*** 分别表示 $P<0.05$，$P<0.01$，$P<0.001$。

XN03 之间 Mn 的氧化态含量没有显著性差异，样点 XN04、XN05 之间 Mn 的氧化态含量没有显著性差异，但是 XN04、XN05 处 Mn 的氧化态含量显著高于 XN01、XN02、XN04 处。样点 XN01、XN02、XN04、XN05 之间 Mn 的氧化态含量没有显著性差异，但是 XN01、XN02、XN04、XN05 处 Mn 的氧化态含量显著高于 XN03 处。样点 XN01、XN03 之间 Zn 的氧化态含量没有显著性差异，样点 XN02、XN04、XN05 之间 Zn 的氧化态含量没有显著性差异，但是 XN02、XN04、XN05 处 Zn 的氧化态含量显著高于 XN01、XN03 处。样点 XN01、XN05 之间 Cd 的氧化态含量没有显著性差异，样点 XN02、XN04 之间 Cd 氧化态含量没有显著性差异，但是 XN01、XN05 处 Cd 氧化态含量显著低于 XN03 处。XN02、XN04 处 Cd 的氧化态含量显著低于 XN03 处。样点 XN02、XN04、XN05 之间 Cr 的氧化态含量没有显著性差异，但是 XN02、XN04、XN05 处 Cr 的氧化态含量显著低于 XN01 处，XN02、XN04、XN05 处 Cr 的氧化态含量显著低于 XN03 处。样点 XN01、XN02、XN03、XN04 之间 Pb 的氧化态含量没有显著性差异，但是 XN01、XN02、XN03、XN04 处 Pb 的氧化态含量显著低于 XN05 处。

6.1.5　黄河上游西宁段底泥中重金属残渣态含量的差异性分析

取西宁段样点为 XN01～XN05 处 8 种重金属元素的残渣态含量数据进行单

因素方差分析与多重比较(表 6.5)。

表 6.5 黄河上游典型区域西宁段底泥中重金属残渣态含量的方差分析与多重比较

样点	铜含量/(mg/kg)	铁含量/(mg/kg)	锰含量/(mg/kg)	镍含量/(mg/kg)
XN01	1.29±0.02a	19990.67±1333.12a	217.50±1.07a	7.83±1.40a
XN02	1.39±0.74a	19339.67±888.69ab	222.23±3.40ac	10.10±3.13ab
XN03	4.54±0.19b	17436.67±241.93b	238.54±0.50b	6.74±0.49a
XN04	2.31±0.49ac	21038.33±1.31.23a	234.17±1.92b	11.71±1.07b
XN05	3.80±2.06bc	23419.67±1731.77c	227.40±7.04c	12.14±2.15b
F-值	6.29**	10.92**	16.59***	4.74*

样点	锌含量/(mg/kg)	镉含量/(mg/kg)	铬含量/(mg/kg)	铅含量/(mg/kg)
XN01	23.65±0.29a	0.12±0.01a	13.91±2.08a	3.09±2.27a
XN02	39.32±6.26b	0.36±0.09bc	16.11±5.80a	3.34±0.89a
XN03	27.16±0.12a	0.18±0.01ad	27.54±0.96b	8.12±3.11b
XN04	42.24±7.28b	0.38±0.09b	21.47±0.57c	3.24±0.78a
XN05	46.01±10.97bc	0.26±0.03cd	21.59±0.67c	4.44±1.10a
F-值	6.71**	10.17**	10.72**	3.88*

注:表中数据为平均值±标准差;同列中相同字母表示差异不显著,不同字母表示差异显著;*,**,***分别表示 $P<0.05$,$P<0.01$,$P<0.001$。

由表 6.5 可知,重金属元素 Mn 的残渣态含量随样点的不同极具差异性;重金属元素 Cu、Fe、Zn、Cd、Cr 的残渣态含量随样点的不同较具有差异性;重金属元素 Ni、Pb 的残渣态含量随样点的不同具有差异性。样点 XN01、XN02、XN04 之间 Cu 的残渣态含量没有显著性差异,样点 XN03、XN05 之间 Cu 的残渣态含量没有显著性差异,但是 XN03、XN05 处 Cu 的残渣态含量显著高于 XN01、XN02、XN04 处,样点 XN01、XN02 之间 Cu 的残渣态含量没有显著性差异,样点 XN04、XN05 之间 Cu 的残渣态含量没有显著性差异,但是 XN03 处 Cu 的残渣态含量显著高于 XN01、XN02 处,XN03 处 Cu 的残渣态含量显著高于 XN04、XN05 处。样点 XN01、XN02、XN04 之间 Fe 的残渣态含量没有显著性差异,但是 XN01、XN02、XN04 处 Fe 的残渣态含量显著高于 XN03 处,显著低于 XN05 处。样点 XN01、XN02 之间 Mn 的残渣态含量没有显著性差异,XN03、XN04 之间 Mn 的残渣态含量没有显著性差异,但是 XN01、XN02 处 Mn 的残渣态含量显著高于 XN05 处,显著低于 XN03、XN04 处。样点 XN01、XN03 之间 Ni 的残渣态的含量没有显著性差异,样点 XN02、XN04、XN05 之间 Ni 的残渣态含量没有显著性差异,但是 XN02、XN04、XN05 处 Ni 的残渣态的含量显著高于 XN01、XN03 处。样点 XN01、XN03 之间 Zn 的残渣态的含量没有显著性差异,样点 XN02、XN04、XN05

之间 Zn 的残渣态的含量没有显著性差异，但是 XN02、XN04、XN05 处 Zn 的残渣态的含量显著高于 XN01、XN03 处。样点 XN01、XN03 之间 Cd 的残渣态含量没有显著性差异，样点 XN02、XN04 之间 Cd 的残渣态含量没有显著性差异，但是 XN01、XN03 处 Cd 的残渣态含量显著低于 XN05 处，XN02、XN04 处 Cd 的残渣态含量显著高于 XN05 处。样点 XN02、XN04 之间 Cd 的残渣态含量没有显著性差异，样点 XN03、XN05 之间 Cd 的残渣态含量没有显著性差异，但是 XN02、XN04 处 Cd 的残渣态含量显著高于 XN03、XN05 处，XN03、XN05 处 Cd 的残渣态含量显著高于 XN01 处。样点 XN01、XN02 之间 Cr 的残渣态含量没有显著性差异，样点 XN04、XN05 之间 Cd 的残渣态含量没有显著性差异，但是 XN01、XN02 处 Cr 的残渣态含量显著低于 XN03 处，XN01、XN02 处 Cr 的残渣态含量显著低于 XN03 处；样点 XN01、XN02、XN04、XN05 之间 Pb 的残渣态含量没有显著性差异，但是 XN01、XN02、XN04、XN05 处 Pb 的残渣态含量显著低于 XN03 处。

6.2 黄河上游兰州段底泥重金属的差异性分析

将实验数据采用单因素方差分析与多重比较，对不同观测点对黄河上游甘肃段底泥中各种重金属含量的差异性进行显著性分析。

6.2.1 黄河上游甘肃段底泥重金属总含量的差异性分析

取甘肃段样点编号为 GS05～GS09 的数据进行单因素方差分析与多重比较(表 6.6)。

由表 6.6 可知，重金属元素 Cu、Mn、Ni、Cd 总含量随样点的不同不具有差异性，重金属元素 Fe、Zn 总含量随样点的不同较具有差异性，而重金属元素 Cr、Pb 总含量随样点的不同具有差异性。样点 GS05、GS06、GS08 之间 Fe 的总含量没有显著性差异，样点 GS07、GS09 之间 Fe 的总含量没有显著性差异，样点 GS05、GS06、GS08 处 Fe 的总含量显著高于样点 GS07、GS09 处。样点 GS06、GS07、GS08、GS09 之间 Zn 的总含量没有显著性差异，样点 GS05 处 Zn 的总含量显著高于样点 GS06、GS07、GS08、GS09 处。样点 GS05、GS06 之间 Cr 的总含量没有显著性差异，样点 GS06、GS07、GS08、GS09 之间 Cr 的总含量没有显著性差异，样点 GS05、处 Cr 的总含量显著高于样点 GS06、GS07、GS08、GS09 处。样点 GS05、GS06、GS09 之间 Pb 的总含量没有显著性差异，样点 GS05、GS06、GS09 处 Pb 的总含量显著低于样点 GS07、GS08 处，样点 GS07 处 Pb 的总含量显著高于样点 GS05、GS06、GS08、GS09 处。样点 GS08 处 Pb 的总含量显著高于样点 GS05、GS06、8GS09 处，显著低于样点 GS07 处。

表 6.6　黄河上游典型区域甘肃段底泥重金属的方差分析与多重比较

样点	铜含量/(mg/kg)	铁含量/(mg/kg)	锰含量/(mg/kg)	镍含量/(mg/kg)
GS05	14.71±0.70	15538.33±542.92a	363.57±7.67	25.20±7.00
GS06	10.05±0.47	13996.67±496.62a	366.72±17.69	28.41±6.25
GS07	8.75±1.99	11090.00±2292.99b	246.75±58.89	20.51±5.53
GS08	11.04±5.29	13712.42±432.80a	252.11±126.45	18.43±5.52
GS09	10.96±1.06	10658.33±1277.34b	267.58±21.90	15.29±5.99
F-值	2.19	8.41**	2.71	2.24
样点	锌含量/(mg/kg)	镉含量/(mg/kg)	铬含量/(mg/kg)	铅含量/(mg/kg)
GS05	61.59±3.41a	0.62±0.03	62.77±3.87a	4.82±1.60a
GS06	37.18±3.63b	0.54±0.06	46.09±4.81ab	2.77±4.16a
GS07	37.62±4.44b	0.56±0.10	46.36±7.71b	9.56±0.77b
GS08	34.48±16.68b	0.48±0.18	35.00±15.97b	8.59±2.10c
GS09	33.78±2.72b	0.54±0.05	37.26±6.84b	6.16±1.33a
F-值	6.19**	0.85	4.48*	4.31*

注：表中数据为平均值±标准差；同列中相同字母表示差异不显著，不同字母表示差异显著；*，**，*** 分别表示 $P<0.05$，$P<0.01$，$P<0.001$。

6.2.2　黄河上游兰州段底泥中重金属酸溶态含量的差异性分析

取兰州段样点为 LZ01～LZ05 处 8 种重金属元素的酸溶态含量数据进行单因素方差分析与多重比较(表 6.7)。

由表 6.7 可知，重金属元素 Cu、Fe 的酸溶态含量随样点的不同极具差异性，重金属元素 Mn、Ni、Zn、Cr、Pb 的酸溶态随样点的不同不具差异性，重金属元素 Cd 的酸溶态含量随样点的不同具有差异性。样点 LZ01、LZ05 之间 Cu 的酸溶态含量没有显著性差异，LZ01、LZ05 处 Cu 的酸溶态含量显著低于 LZ02、LZ03、LZ04 处；样点 LZ02、LZ04 之间 Cu 的酸溶态含量没有显著性差异，LZ02、LZ04 处 Cu 的酸溶态含量显著高于 LZ01、LZ03、LZ05 处；LZ03 处 Cu 的酸溶态含量显著高于 LZ01、LZ05 处，显著低于 LZ02、LZ04 处。样点 LZ01、LZ02、LZ03、LZ04 之间 Cu 的酸溶态含量没有显著性差异，LZ01、LZ02、LZ03、LZ04 处 Cu 的酸溶态含量显著高于 LZ05 处。样点 LZ01、LZ02 之间 Fe 的酸溶态含量没有显著性差异，LZ01、LZ02 处 Fe 的酸溶态含量显著低于 LZ03 和 LZ04 处，显著高于 LZ05 处；样点 LZ03 处 Fe 的酸溶态含量显著高于 LZ01、LZ02、LZ05 处，显著低于 LZ04 处；样点 LZ04 处 Fe 的酸溶态含量显著高于 LZ01、LZ02、LZ03、LZ05 处；样点 LZ05 处 Fe

表 6.7 黄河上游典型区域兰州段底泥中重金属酸溶态含量的方差分析与多重比较

样点	铜含量/(mg/kg)	铁含量/(mg/kg)	锰含量/(mg/kg)	镍含量/(mg/kg)
LZ01	0.85±0.02a	129.47±0.08a	18.88±6.02	6.01±1.76
LZ02	2.74±0.03b	129.57±4.21a	14.57±3.73	4.46±0.72
LZ03	2.10±0.12c	149.14±5.57b	19.10±2.50	3.58±0.56
LZ04	2.68±0.01b	164.95±1.54c	14.25±1.48	4.75±0.55
LZ05	0.88±0.02a	121.86±0.66d	13.34±4.15	3.87±1.09
F-值	879.89***	90.88***	1.49	2.50

样点	锌含量/(mg/kg)	镉含量/(mg/kg)	铬含量/(mg/kg)	铅含量/(mg/kg)
LZ01	2.87±0.05	0.05±0.01a	2.82±0.00	1.20±1.90
LZ02	2.35±0.04	0.14±0.07b	2.12±0.18	0.00±0.00
LZ03	4.89±1.64	0.15±0.03b	4.83±0.59	1.06±0.77
LZ04	3.50±0.04	0.08±0.02a	2.44±0.26	0.00±0.00
LZ05	4.69±1.70	0.10±0.02ab	3.29±5.14	0.00±0.00
F-值	3.33	4.90*	0.63	1.38

注:表中数据为平均值±标准差;同列中相同字母表示差异不显著,不同字母表示差异显著;*,**,*** 分别表示 $P<0.05$,$P<0.01$,$P<0.001$。

的酸溶态含量显著低于 LZ01、LZ02、LZ03、LZ04 处。样点 LZ01、LZ04、LZ05 之间 Cd 的酸溶态含量没有显著性差异,LZ01、LZ04、LZ05 处 Cd 的酸溶态含量显著低于 LZ02、LZ03 处;样点 LZ02、LZ03、LZ05 之间 Cd 的酸溶态含量没有显著性差异,LZ02、LZ03、LZ05 处 Cd 的酸溶态含量显著高于 LZ01、LZ04 处。

6.2.3 黄河上游兰州段底泥中还原态重金属还原态含量的差异性分析

取兰州段样点为 LZ01~LZ05 处 8 种重金属元素的还原态含量数据进行单因素方差分析与多重比较(表 6.8)。

由表 6.8 可知,重金属元素 Cu、Pb 的还原态含量随样点的不同极具有差异性,重金属元素 Fe 的还原态含量随样点的不同具有差异性,重金属元素 Mn、Ni、Zn、Cd、Cr 的还原态含量随样点的不同不具有差异性。样点 LZ01、LZ02、LZ03、LZ04 之间 Cu 的还原态含量没有显著性差异,样点 LZ01、LZ02、LZ03、LZ04 处 Cu 的还原态含量显著高于样点 LZ05 处;样点 LZ01、LZ03、LZ04、LZ05 之间 Fe 的还原态含量没有显著性差异,样点 LZ01、LZ03、LZ04、LZ05 处 Fe 的还原态含量显著低于样点 LZ02 处,样点 LZ02、LZ05 之间 Fe 的还原态含量没有显著性差异,样点 LZ02、LZ05 处 Fe 的还原态含量显著高于样点 LZ01、LZ03、LZ04 处;样点 LZ01、

表 6.8 黄河上游典型区域兰州段底泥中重金属还原态含量的方差分析与多重比较

样点	铜含量/(mg/kg)	铁含量/(mg/kg)	锰含量/(mg/kg)	镍含量/(mg/kg)
LZ01	3.67±0.05a	543.67±25.55a	20.34±5.46	4.06±2.05
LZ02	3.85±0.07a	834.23±91.06b	15.01±4.05	2.02±0.66
LZ03	3.56±0.51a	538.67±41.10a	18.98±3.28	3.30±0.90
LZ04	3.74±0.01a	460.41±54.87a	17.02±1.06	1.95±1.14
LZ05	2.43±0.04b	624.37±270.54ab	16.99±4.11	1.45±1.19
F-值	18.42***	3.54*	0.84	2.16
样点	锌含量/(mg/kg)	镉含量/(mg/kg)	铬含量/(mg/kg)	铅含量/(mg/kg)
LZ01	11.53±0.72	0.18±0.08	9.42±0.29	0.92±0.29a
LZ02	10.83±5.67	0.05±0.02	17.21±8.42	0.90±0.49a
LZ03	12.08±4.62	0.17±0.05	10.85±0.40	0.59±0.17a
LZ04	12.56±3.25	0.11±0.10	13.04±2.98	0.00±0.00b
LZ05	11.76±4.14	0.18±0.06	15.31±1.73	1.69±0.38c
F-值	0.08	2.42	1.82	11.47***

注:表中数据为平均值±标准差;同列中相同字母表示差异不显著,不同字母表示差异显著;*,**,***分别表示 $P<0.05$,$P<0.01$,$P<0.001$。

LZ02、LZ03 之间 Pb 的还原态含量没有显著性差异,样点 LZ01、LZ02、LZ03 处 Pb 的还原态含量显著高于样点 LZ04 处,显著低于样点 LZ05 处,样点 LZ04 处 Pb 的还原态含量显著低于样点 LZ01、LZ02、LZ03、LZ05 处,样点 LZ05 处 Pb 的还原态含量显著高于样点 LZ01、LZ02、LZ03、LZ05 处。

6.2.4 黄河上游兰州段底泥中重金属氧化态含量的差异性分析

取兰州段样点为 LZ01～LZ05 处 8 种重金属元素的氧化态含量数据进行单因素方差分析与多重比较(表 6.9)。

由表 6.9 可知,重金属元素 Cu、Fe、Mn 的氧化态含量随样点不同极具有差异性,重金属元素 Cr 的氧化态含量随样点不同较具差异性,重金属元素 Ni、Zn、Cd、Pb 的氧化态含量随样点的不同不具差异性。样点 LZ01、LZ02、LZ03 之间 Cu 的氧化态含量没有显著性差异,LZ01、LZ02、LZ03 处 Cu 的氧化态含量显著高于 LZ04、LZ05 处;样点 LZ01、LZ02、LZ03、LZ04 之间 Cu 的氧化态含量没有显著性差异,LZ01、LZ02、LZ03、LZ04 处 Cu 的氧化态含量显著高于 LZ05 处。样点 LZ01、LZ02、LZ04 之间 Fe 的氧化态含量没有显著性差异,LZ01、LZ02、LZ04 处 Fe 的氧化态含量显著高于 LZ03、LZ05 处;LZ03 处 Fe 的氧化态含量显著低于 LZ01、

表 6.9 黄河上游典型区域兰州段底泥中重金属氧化态含量的方差分析与多重比较

样点	铜含量/(mg/kg)	铁含量/(mg/kg)	锰含量/(mg/kg)	镍含量/(mg/kg)
LZ01	3.06±0.02ab	217.65±7.92a	120.65±1.15a	7.06±4.29
LZ02	3.16±0.03a	230.85±23.25a	75.73±7.29b	7.04±3.32
LZ03	2.98±0.11ab	117.75±29.71b	119.95±14.83a	5.24±2.07
LZ04	2.62±0.44b	248.55±5.23a	116.63±1.44a	5.55±1.07
LZ05	1.88±0.31c	157.04±5.96c	175.82±14.86c	7.37±0.84
F-值	13.42***	29.23***	28.23***	0.40
样点	锌含量/(mg/kg)	镉含量/(mg/kg)	铬含量/(mg/kg)	铅含量/(mg/kg)
LZ01	5.63±0.02	0.18±0.03	6.91±0.57a	0.61±0.20
LZ02	5.93±0.06	0.25±0.04	4.84±2.42a	0.38±0.12
LZ03	9.78±4.28	0.24±0.04	10.88±0.12b	0.41±0.10
LZ04	10.22±4.78	0.18±0.06	5.73±2.53a	0.83±0.89
LZ05	13.54±4.38	0.21±0.08	10.38±0.65b	0.87±0.19
F-值	2.70	1.27	8.63**	0.86

注:表中数据为平均值±标准差;同列中相同字母表示差异不显著,不同字母表示差异显著;*,**,*** 分别表示 $P<0.05$,$P<0.01$,$P<0.001$。

LZ02、LZ04、LZ05 处,样点 LZ05 处 Pb 的氧化态含量显著低于样点 LZ01、LZ02、LZ04 处,显著高于样点 LZ03 处;样点 LZ01、LZ03、LZ04 之间 Mn 的氧化态含量没有显著性差异,LZ01、LZ03、LZ04 处 Mn 的氧化态含量显著高于 LZ02 处,显著低于 LZ05 处;LZ02 处 Mn 的氧化态含量显著低于 LZ01、LZ03、LZ04、LZ05 处,样点 LZ05 处 Mn 的氧化态含量显著高于样点 LZ01、LZ02、LZ03、LZ04 处。样点 LZ01、LZ02、LZ04 之间 Cr 的氧化态含量没有显著性差异,样点 LZ03、LZ05 之间 Cr 的氧化态含量没有显著性差异,LZ03、LZ05 处 Cr 的氧化态含量显著高于 LZ01、LZ02、LZ04 处。

6.2.5 黄河上游兰州段底泥中重金属残渣态含量的差异性分析

取兰州段样点为 LZ01~LZ05 处 8 种重金属元素的残渣态含量数据进行单因素方差分析与多重比较(表 6.10)。

由表 6.10 可知,重金属元素 Cu 的残渣态含量随样点的不同较具有差异性,重金属元素 Fe、Mn 的残渣态含量随样点的不同极具有差异性,重金属元素 Ni、Zn、Cr 的残渣态含量随样点的不同不具有差异性,而重金属元素 Cd、Pb 的残渣态含量随样点的不同具有差异性。样点 LZ01、LZ02、LZ04 之间 Cu 的残渣态含量没有显

表 6.10 黄河上游典型区域兰州段底泥中重金属残渣态含量的方差分析与多重比较

样点	铜含量/(mg/kg)	铁含量/(mg/kg)	锰含量/(mg/kg)	镍含量/(mg/kg)
LZ01	5.07±0.14ac	11301.00±557.98a	213.56±0.43a	11.37±5.63
LZ02	5.59±0.05a	8282.00±54.84b	216.78±0.12b	13.00±5.14
LZ03	4.39±0.80bc	7649.33±809.20b	218.51±0.28c	14.61±4.92
LZ04	5.29±0.21a	12220.00±1247.11a	212.90±0.53a	9.22±3.01
LZ05	4.17±0.02b	8160.33±15.04b	215.71±0.33d	10.16±2.92
F-值	7.78**	25.76***	119.30***	0.70

样点	锌含量/(mg/kg)	镉含量/(mg/kg)	铬含量/(mg/kg)	铅含量/(mg/kg)
LZ01	26.78±1.94	0.51±0.06a	17.26±2.27	5.20±0.98a
LZ02	28.58±0.42	0.37±0.09b	25.32±2.62	7.13±1.07ac
LZ03	29.59±5.12	0.38±0.09ab	20.58±3.15	6.33±1.23a
LZ04	25.76±1.08	0.28±0.06b	22.64±4.99	9.75±1.33b
LZ05	32.09±0.37	0.31±0.06b	17.75±1.60	9.07±1.98bc
F-值	2.93	4.42*	3.46	5.76*

注:表中数据为平均值±标准差;同列中相同字母表示差异不显著,不同字母表示差异显著;*,**,*** 分别表示 $P<0.05$,$P<0.01$,$P<0.001$。

著性差异,样点 LZ03、LZ05 之间 Cu 的残渣态含量没有显著性差异,样点 LZ01、LZ02、LZ04 处 Cu 的残渣态含量显著高于样点 LZ03、LZ05 处,样点 LZ01、LZ03 之间 Cu 的残渣态含量没有显著性差异,样点 LZ01、LZ03 处 Cu 的残渣态含量显著低于样点 LZ02、LZ04 处,显著高于样点 LZ05 处。样点 LZ01、LZ04 之间 Fe 的残渣态含量没有显著性差异,样点 LZ02、LZ03、LZ05 之间 Fe 的残渣态含量没有显著性差异,样点 LZ01、LZ04 处 Fe 的残渣态含量显著高于样点 LZ02、LZ03、LZ05 处。样点 LZ01、LZ04 之间 Mn 的残渣态含量没有显著性差异,样点 LZ01、LZ04 处 Mn 的残渣态含量显著低于样点 LZ02、LZ03、LZ05 处,样点 LZ02 处 Mn 的残渣态含量显著低于样点 LZ01、LZ04、LZ05 处,显著高于样点 LZ03 处,样点 LZ03 处 Mn 的残渣态含量显著高于样点 LZ01、LZ02、LZ04、LZ05 处,样点 LZ05 处 Mn 的残渣态含量显著低于样点 LZ01、LZ04 处,显著高于样点 LZ02、LZ03 处。样点 LZ01、LZ03 之间 Cd 的残渣态含量没有显著性差异,样点 LZ02、LZ04、LZ05 之间 Cd 的残渣态含量没有显著性差异,样点 LZ01 处 Cd 的残渣态含量显著高于样点 LZ02、LZ03、LZ04、LZ05 处。样点 LZ01、LZ02、LZ03 之间 Pb 的残渣态含量没有显著性差异,样点 LZ04、LZ05 之间 Pb 的残渣态含量没有显著性差异,样点 LZ01、LZ02、LZ03 处 Pb 的残渣态含量显著低于样点 LZ04、LZ05 处,样点 LZ02、LZ05 之间 Pb 的残渣态含量没有显著性差异，样点 LZ02、LZ05 处 Pb 的残渣态含量显著高于样点 LZ01、LZ03 处，显著低于样点 LZ04 处。

6.3 黄河上游银川段底泥重金属的差异性分析

将实验数据采用单因素方差分析与多重比较，对不同观测点对黄河上游段底泥中各种重金属含量的差异性进行显著性分析。

6.3.1 黄河上游宁夏段底泥重金属总含量的差异性分析

取宁夏段样点为 NX12～NX16 的数据进行单因素方差分析与多重比较(表 6.11)。

表 6.11 黄河上游典型区域宁夏段底泥重金属的方差分析与多重比较

样点	铜含量/(mg/kg)	铁含量/(mg/kg)	锰含量/(mg/kg)	镍含量/(mg/kg)
NX12	14.19±0.85a	13960.00±652.13	312.10±15.20	23.60±6.22
NX13	12.30±3.79ab	13393.33±3395.03	304.85±92.58	19.15±3.72
NX14	11.74±0.97ab	12011.67±781.06	282.65±23.09	26.70±4.50
NX15	14.49±0.58a	14571.67±574.03	337.42±5.73	20.71±2.20
NX16	9.41±1.04b	10620.00±870.39	242.63±20.51	18.43±13.45
F-值	3.64*	2.79	1.95	0.68

样点	锌含量/(mg/kg)	镉含量/(mg/kg)	铬含量/(mg/kg)	铅含量/(mg/kg)
NX12	44.67±1.63a	0.58±0.05a	49.22±1.62	4.89±0.77
NX13	41.99±9.13a	0.78±0.17b	55.82±16.95	6.09±2.52
NX14	40.01±0.92a	0.58±0.02a	44.14±2.48	4.53±2.88
NX15	57.96±5.76b	0.61±0.02a	52.55±3.69	2.83±2.23
NX16	38.41±4.47a	0.48±0.02a	36.86±1.36	7.93±2.60
F-值	6.56**	5.60*	2.67	2.00

注：表中数据为平均值±标准差；同列中相同字母表示差异不显著，不同字母表示差异显著；*，**，*** 分别表示 $P<0.05$，$P<0.01$，$P<0.001$。

由表 6.11 可知，重金属元素 Zn 总含量随样点的不同较具有差异性，重金属元素 Cu、Cd 总含量随样点的不同具有差异性，而重金属元素 Fe、Mn、Ni、Cr、Pd 总含量随样点的不同不具有差异性。样点 NX12～NX15 处 Cu 的总含量没有显著性差异，且样点 NX12～NX15 处 Cu 的总含量显著高于 NX16 处，样点 NX13、NX14、NX16 之间 Cu 的总含量没有显著性差异，且样点 NX13、NX14、NX16 处 Cu 的总含量显著低于 NX12、NX15 处。样点 NX12、NX13、NX14、NX16 之间 Zn 的总含量没有显著性差异，且样点 NX12、NX13、NX14、NX16 处 Zn 的总含量显著低于 NX15 处。对 Cd 而言，样点 NX12、NX14、NX15、NX16 之间 Cd 的总含量没有显著性差异，且样点 NX12、NX14、NX15、NX16 处 Cd 的总含量显著低于 NX13 处。

6.3.2　黄河上游银川段底泥中重金属酸溶态含量的差异性分析

取银川段样点为 YC01～YC05 的数据进行单因素方差分析与多重比较(表 6.12)。

表 6.12　黄河上游典型区域银川段底泥中重金属酸溶态含量的方差分析与多重比较

样点	铜含量/(mg/kg)	铁含量/(mg/kg)	锰含量/(mg/kg)	镍含量/(mg/kg)
YC01	7.99±0.19ac	1.26±0.02a	3.18±0.06a	7.96±2.08
YC02	8.09±0.10a	0.45±0.02b	12.59±0.22b	6.33±2.40
YC03	2.65±0.07b	1.42±0.01c	8.48±0.03c	5.01±1.56
YC04	2.66±0.12b	1.11±0.02d	7.71±0.03d	4.38±2.09
YC05	7.83±0.08c	1.01±0.05e	8.02±0.03e	6.79±3.06
F-值	2454.33***	581.90***	3014.70***	1.16
样点	锌含量/(mg/kg)	镉含量/(mg/kg)	铬含量/(mg/kg)	铅含量/(mg/kg)
YC01	2.09±0.16	0.29±0.22	2.34±0.32a	0.00±0.00a
YC02	7.70±0.78	0.10±0.05	2.39±0.24a	0.00±0.00a
YC03	3.64±1.00	0.08±0.01	6.61±1.69b	0.36±0.10b
YC04	3.14±0.98	0.06±0.01	3.67±2.20a	0.00±0.00a
YC05	2.62±0.02	0.04±0.01	2.09±0.16a	0.38±0.28b
F-值	1.95	2.89	6.77**	6.82**

注：表中数据为平均值±标准差；同列中相同字母表示差异不显著，不同字母表示差异显著；*，**，*** 分别表示 $P<0.05$，$P<0.01$，$P<0.001$。

由表 6.12 可知，重金属元素 Cu、Fe、Mn 的酸溶态含量随样点的不同极具有差异性，重金属元素 Cr、Pd 的酸溶态含量随样点的不同较具有差异性，重金属元素 Ni、Zn、Cd 的酸溶态含量随样点的不同不具有差异性。对 Cu 而言，样点 YC01、YC02 之间 Cu 的酸溶性含量没有显著性差异，样点 YC03、YC04 之间 Cu 的酸溶性含量没有显著性差异，且样点 YC01、YC02 处 Cu 的酸溶性含量显著高于 YC03、YC04、YC05 处，样点 YC03、YC04 处 Cu 的酸溶性含量显著低于 YC05 处，而样点 YC01、YC05 之间 Cu 的酸溶性含量没有显著性差异，且样点 YC01、YC05 处 Cu 的酸溶性含量显著低于 YC02 处，样点 YC01、YC05 处 Cu 的酸溶性含量显著高于 YC03、YC04 处。样点 YC01、YC02、YC03、YC04、YC05 之间 Fe 的酸溶性含量有显著性差异，且 YC03、YC01、YC04、YC05、YC02 处 Fe 的酸溶性含量逐渐减小。样点 YC01、YC02、YC03、YC04、YC05 之间 Mn 的酸溶性含量有显著性差异，且 YC02、YC03、YC05、YC04、YC01 处 Mn 的酸溶性含量逐渐减小。样点 YC01、YC02、YC04、YC05 之间 Cr 的酸溶性含量没有显著性差异，且 YC03 处 Cr 的酸溶性含量显著高于 YC01、YC02、YC04、YC05 处。对 Pd 而言，样点 YC01、YC02、YC04 之间 Pd 的酸溶性含量没有显著性差异，样点 YC03、YC05 之间 Pd 的酸溶性含量没有显著性差异，且 YC03、YC05 处 Pd 的酸溶性含量显著高于 YC01、YC02、YC04 处。

6.3.3 黄河上游银川段底泥中重金属还原态含量的差异性分析

取银川段样点为 YC01～YC05 的数据进行单因素方差分析与多重比较(表 6.13)。

表 6.13 黄河上游典型区域银川段底泥中重金属还原态含量的方差分析与多重比较

样点	铜含量/(mg/kg)	铁含量/(mg/kg)	锰含量/(mg/kg)	镍含量/(mg/kg)
YC01	12.26±0.11a	26.81±0.43	6.68±0.06a	1.40±0.87a
YC02	11.60±0.08b	48.13±28.07	8.39±0.25b	0.66±0.25a
YC03	6.69±0.03c	34.06±0.10	8.82±0.05c	0.52±0.17a
YC04	6.64±0.11c	24.48±0.11	7.79±0.04d	1.30±0.46a
YC05	11.14±0.1d	34.00±0.73	7.82±0.17d	3.28±0.94b
F-值	1819.66***	1.62	100.24***	9.52**
样点	锌含量/(mg/kg)	镉含量/(mg/kg)	铬含量/(mg/kg)	铅含量/(mg/kg)
YC01	4.10±0.09a	0.00±0.00a	13.42±0.62	0.00±0.00ab
YC02	8.92±0.17b	0.09±0.03bc	17.44±4.62	0.25±0.18ab
YC03	6.39±1.84a	0.14±0.07c	11.60±3.84	0.09±0.03ab
YC04	4.61±0.21a	0.04±0.04ab	14.46±3.14	0.00±0.00a
YC05	4.82±2.25a	0.00±0.00ab	13.13±3.82	0.33±0.23b
F-值	6.75**	8.69**	1.16	3.95*

注：表中数据为平均值±标准差；同列中相同字母表示差异不显著，不同字母表示差异显著；*，**，*** 分别表示 $P<0.05$，$P<0.01$，$P<0.001$。

由表 6.13 可知，重金属元素 Cu、Mn 的还原态含量随样点的不同极具有差异性，重金属元素 Ni、Zn、Cd 的还原态含量随样点的不同较具有差异性，重金属元素 Pd 的还原态含量随样点的不同具有差异性，重金属元素 Fe、Cr 的还原态含量随样点的不同不具有差异性。对 Cu 而言，样点 YC03、YC04 之间 Cu 的还原态含量没有显著性差异，样点 YC01 处 Cu 的还原态含量显著高于 YC02、YC03、YC04、YC05 处，样点 YC02 处 Cu 的还原态含量显著高于 YC03、YC04、YC05 处，样点 YC02 处 Cu 的还原态含量显著低于 YC01 处，样点 YC03、YC04 处 Cu 的还原态含量显著低于 YC01、YC02、YC05 处，样点 YC05 处 Cu 的还原态含量显著低于 YC01、YC02 处，样点 YC05 处 Cu 的还原态含量显著高于 YC03、YC04 处。对 Mn 而言，样点 YC04、YC05 之间 Mn 的还原态含量没有显著性差异，样点 YC01 处 Mn 的还原态含量显著低于 YC02、YC03、YC04、YC05 处，样点 YC02 处 Mn 的还原态含量显著低于 YC03 处，样点 YC02 处 Mn 的还原态含量显著高于 YC01、YC04、

YC05 处，样点 YC03 处 Mn 的还原态显著高于 YC01、YC02、YC04、YC05 处，样点 YC04、YC05 处 Mn 的还原态含量显著低于 YC02、YC03 处，样点 YC04、YC05 处 Mn 的还原态含量显著高于 YC01 处。样点 YC01、YC02、YC03、YC04 之间 Ni 的还原态含量没有显著性差异，样点 YC01、YC02、YC03、YC04 处 Ni 的还原态含量显著低于 YC05 处。样点 YC01、YC03、YC04、YC05 之间 Zn 的还原态含量没有显著性差异，且样点 YC01、YC03、YC04、YC05 处 Zn 的还原态含量显著低于 YC02 处。样点 YC01、YC04、YC05 之间 Cd 的还原态含量没有显著性差异，样点 YC01、YC04、YC05 处 Cd 的还原态含量显著低于 YC02、YC04 处，样点 YC02、YC04、YC05 之间 Cd 的还原态含量没有显著性差异，YC02、YC04、YC05 处 Cd 的还原态含量显著低于 YC03 处，样点 YC02、YC03 之间 Cd 的还原态含量没有显著性差异，YC02、YC03 处 Cd 的还原态含量显著高于 YC01、YC04、YC05 处。对 Pd 而言，样点 YC01～YC04 处 Pd 的还原态含量没有显著性差异，YC01～YC04 处 Pd 的还原态含量显著低于 YC05 处，样点 YC01、YC02、YC03、YC05 之间 Pd 的还原态含量没有显著性差异，YC01、YC02、YC03、YC05 处 Pd 的还原态含量显著高于 YC04 处。

6.3.4 黄河上游银川段底泥中重金属氧化态含量的差异性分析

取银川段样点为 YC01～YC05 的数据进行单因素方差分析与多重比较(表 6.14)。

表 6.14 黄河上游典型区域银川段底泥中重金属氧化态含量的方差分析与多重比较

样点	铜含量/(mg/kg)	铁含量/(mg/kg)	锰含量/(mg/kg)	镍含量/(mg/kg)
YC01	8.94±0.04a	4.67±0.04a	3.92±0.01a	5.95±2.59a
YC02	8.21±0.08b	12.52±0.10b	4.45±0.02b	11.35±1.13b
YC03	4.28±0.04c	3.37±0.01c	4.19±0.03c	2.22±1.00a
YC04	8.19±0.21b	5.63±0.08d	4.60±0.01d	9.02±3.36b
YC05	8.13±0.05b	5.79±0.07e	6.29±0.01e	10.64±2.03b
F-值	950.34***	8043.84***	8842.73***	8.69**
样点	锌含量/(mg/kg)	镉含量/(mg/kg)	铬含量/(mg/kg)	铅含量/(mg/kg)
YC01	5.64±0.08	0.15±0.13	2.94±1.44	0.14±0.24
YC02	7.02±0.03	0.06±0.03	4.18±0.49	0.16±0.14
YC03	6.25±0.05	0.16±0.06	2.42±0.77	0.50±0.17
YC04	6.76±0.05	0.14±0.06	2.57±0.37	0.35±0.32
YC05	7.79±2.98	0.24±0.08	11.92±15.40	0.59±0.52
F-值	1.1	1.91	1.02	1.27

注：表中数据为平均值±标准差；同列中相同字母表示差异不显著，不同字母表示差异显著；*，**，*** 分别表示 $P<0.05$，$P<0.01$，$P<0.001$。

由表 6.14 可知，重金属元素 Cu、Fe、Mn 的氧化态含量随样点的不同极具有差异性，重金属元素 Ni 的氧化态含量随样点的不同较具有差异性，重金属元素 Zn、Cd、Cr、Pd 的氧化态含量随样点的不同不具有差异性。对 Cu 而言，样点 YC02、YC04、YC05 之间 Cu 的氧化态含量没有显著性差异，且 YC02、YC04、YC05 处 Cu 的氧化态含量显著低于 YC01 处，而 YC02、YC04、YC05 处 Cu 的氧化态含量显著高于 YC03 处。样点 YC01、YC02、YC03、YC04、YC05 之间 Fe 的氧化态含量有显著性差异，且 YC02、YC05、YC04、YC01、YC03 处 Fe 的氧化态含量逐渐减小。样点 YC01、YC02、YC03、YC04、YC05 之间 Mn 的氧化态含量有显著性差异，且 YC05、YC04、YC02、YC03、YC01 处 Mn 的氧化态含量逐渐减小。样点 YC01、YC03 之间 Ni 的氧化态含量没有显著性差异，样点 YC02、YC04、YC05 之间 Ni 的氧化态含量没有显著性差异，且 YC02、YC04、YC05 处 Ni 的氧化态含量显著高于 YC01、YC03 处。

6.3.5 黄河上游银川段底泥中重金属残渣态含量的差异性分析

取银川段样点为 YC01～YC05 的数据进行单因素方差分析与多重比较（表 6.15）。

表 6.15 黄河上游典型区域银川段底泥中重金属残渣态含量的方差分析与多重比较

样点	铜含量/(mg/kg)	铁含量/(mg/kg)	锰含量/(mg/kg)	镍含量/(mg/kg)
YC01	16.66±0.20a	21088.00±20.79a	13.44±0.23a	10.44±7.92
YC02	19.30±0.20b	22038.83±14.46b	20.93±0.07b	18.17±8.77
YC03	12.78±0.24c	21336.17±20.65c	16.32±0.33c	10.82±1.63
YC04	12.19±0.03d	21253.33±11.14d	16.47±0.08c	13.13±3.38
YC05	17.29±0.19e	21281.67±5.11d	15.28±0.06d	16.65±6.26
F-值	820.24***	1677.96***	666.27***	0.93

样点	锌含量/(mg/kg)	镉含量/(mg/kg)	铬含量/(mg/kg)	铅含量/(mg/kg)
YC01	27.15±0.72a	0.22±0.05	20.25±0.34a	5.86±1.67
YC02	47.29±0.11b	0.34±0.16	24.09±0.47b	6.48±2.94
YC03	26.96±11.85a	0.43±0.11	26.67±0.15c	6.36±1.93
YC04	35.52±0.17a	0.30±0.01	17.07±0.45d	5.82±1.93
YC05	30.06±0.28a	0.30±0.10	16.27±0.57e	5.42±2.46
F-值	7.69***	1.76	336.52***	0.11

注：表中数据为平均值±标准差；同列中相同字母表示差异不显著，不同字母表示差异显著；*，**，*** 分别表示 $P<0.05$，$P<0.01$，$P<0.001$。

由表 6.15 可知，重金属元素 Cu、Fe、Mn、Zn、Cr 的残渣态含量随样点的不同极具有差异性，重金属元素 Ni、Cd、Pd 的残渣态含量随样点的不同不具有差异性。样点 YC01、YC02、YC03、YC04、YC05 之间 Cu 的残渣态含量有显著性差异，且样点 YC02、YC05、YC01、YC03、YC04 处 Cu 的残渣态含量逐渐减小。样点 YC04、YC05 之间 Fe 的残渣态含量没有显著性差异，样点 YC01 处 Fe 的残渣态含量显著低于 YC02、YC03、YC04、YC05 处，样点 YC02 处 Fe 的残渣态含量显著高于 YC01、YC03、YC04、YC05 处，样点 YC03 处 Fe 的残渣态含量显著高于 YC01、YC04、YC05 处，样点 YC03 处 Fe 的残渣态含量显著低于 YC02 处，样点 YC04、YC05 处 Fe 的残渣态含量显著低于 YC02、YC03 处，样点 YC04、YC05 处 Fe 的残渣态含量显著高于 YC01 处。样点 YC03、YC04 之间 Mn 的残渣态含量没有显著性差异，样点 YC01 处 Mn 的残渣态含量显著低于 YC02、YC03、YC04、YC05 处，样点 YC02 处 Mn 的残渣态含量显著高于 YC01、YC03、YC04、YC05 处，样点 YC03、YC04 处 Mn 的残渣态含量显著高于 YC01、YC05 处，样点 YC03、YC04 处 Mn 的残渣态含量显著低于 YC02 处，样点 YC05 处 Mn 的残渣态含量显著低于 YC02、YC03、YC04 处 Mn 的残渣态含量，样点 YC05 处 Mn 的残渣态含量显著高于 YC01 处 Mn 的残渣态含量。样点 YC01、YC03、YC04、YC05 之间 Zn 的残渣态含量没有显著性差异，且样点 YC01、YC03、YC04、YC05 处 Zn 的残渣态含量显著低于 YC02 处。样点 YC01、YC02、YC03、YC04、YC05 之间 Cr 的残渣态含量没有显著性差异，且样点 YC03、YC02、YC01、YC04、YC05 处 Cr 的残渣态含量逐渐减小。

6.4 黄河上游包头段底泥重金属的差异性分析

将实验数据采用单因素方差分析与多重比较，对不同观测点对黄河上游内蒙古段底泥各种重金属含量的差异性进行显著性分析。

6.4.1 黄河上游内蒙古段底泥重金属总含量的差异性分析

取内蒙古段样点为 NM09～NM13 处 8 种重金属元素总含量数据进行单因素方差分析与多重比较(表 6.16)。

由表 6.16 可知，重金属元素 Cu、Fe、Mn、Cd、Cr 总含量随样点的不同极具差异性，重金属元素 Ni 、Zn 总含量随样点的不同具有差异性，而重金属元素 Pb 总含量随样点的不同不具有差异性。样点 NM09、NM10 之间 Cu 的总含量没有显著性差异，NM11、NM12 之间 Cu 的总含量没有显著性差异，但是 NM11、NM12 处 Cu

表 6.16 黄河上游典型区域内蒙古段底泥重金属的方差分析与多重比较

样点	铜含量/(mg/kg)	铁含量/(mg/kg)	锰含量/(mg/kg)	镍含量/(mg/kg)
NM09	8.54±1.27a	11940.00±163.58a	271.10±38.08a	17.46±4.09a
NM10	8.60±0.32a	15770.00±474.89b	357.22±16.07bc	15.48±8.13a
NM11	16.22±1.46b	16487.67±664.00b	361.08±30.40b	30.40±4.63b
NM12	14.92±0.20b	15225.00±1721.77b	318.82±28.43c	28.43±4.24b
NM13	5.14±0.51c	9230.00±231.79c	237.53±24.04a	24.04±6.44ab
F-值	79.71***	22.14***	19.53***	3.95*

样点	锌含量/(mg/kg)	镉含量/(mg/kg)	铬含量/(mg/kg)	铅含量/(mg/kg)
NM09	47.82±8.47abc	0.47±0.02a	42.10±4.05a	0.76±1.31
NM10	41.79±1.16ac	0.60±0.08b	54.77±2.61b	3.08±3.04
NM11	57.37±2.82ab	0.72±0.04c	69.48±2.04c	3.69±2.07
NM12	60.99±17.37b	0.65±1.10bc	51.01±6.24b	3.96±3.44
NM13	33.73±5.12c	0.87±0.02d	73.97±0.66c	4.96±1.96
F-值	4.57*	16.68***	39.24***	1.20

注:表中数据为平均值±标准差;同列中相同字母表示差异不显著,不同字母表示差异显著; *, **, *** 分别表示 $P<0.05$,$P<0.01$,$P<0.001$。

的总含量显著高于 NM09、NM10 处;NM09、NM10 处 Cu 的总含量显著高于 NM13 处。样点 NM10、NM11、NM12 之间 Fe 的总含量的没有显著性差异,NM10、NM11、NM12 处 Fe 的总含量显著高于 NM09 处;NM09 处 Fe 的总含量显著高于 NM13 处。样点 NM09、NM13 之间 Mn 的总含量没有显著性差异,NM09、NM13 处 Mn 的总含量显著低于 NM11、NM12、NM13 处;样点 NM10、NM11 之间 Mn 的总含量没有显著性差异,NM10、NM11 处 Mn 的总含量显著高于 NM09、NM12、NM13 处,样点 NM10、NM12 之间 Mn 的总含量没有显著性差异,NM10、NM12 处 Mn 的总含量显著高于 NM09、NM13 处,显著低于 NM11 处。样点 NM09、NM10、NM13 之间 Ni 的总含量没有显著性差异,但 NM09、NM10、NM13 处 Ni 的总含量显著高于 NM11、NM12 处;样点 NM09、NM10、之间 Ni 的总含量没有显著性差异,样点 NM11、NM12、NM13 之间 Ni 的总含量没有显著性差异,但 NM11、NM12、NM13 处 Ni 的总含量显著高于 NM09、NM10 处。样点 NM09、NM10、NM11 之间 Zn 的总含量没有显著性差异,NM12 处 Zn 的总含量显著高于 NM09、NM10、NM11 处,NM09、NM10、NM11 处 Zn 的总含量显著高于 NM13 处;样点 NM09、NM11、NM12 之间 Zn 的总含量没有显著性差异,NM09、NM1、NM12 处 Zn 的总含量显著高于 NM10、NM13 处,样点 NM09、NM10、NM13 之间 Zn 的总含量没有显著性差异,NM09、NM10、NM13 处 Zn 的总含量显著低于 NM11、NM12 处。样点 NM10、NM12 之间 Cd 的总量没有显著性差异,但 NM10、

NM12 处 Cd 的总含量显著高于 NM09 处，明显低于 NM11、NM13 处，样点 NM11、NM12 之间 Cd 的总量没有显著性差异，但 NM11、NM12 处 Cd 的总含量显著高于 NM09、NM10 处，显著低于 NM13 处。样点 NM10、NM12 之间 Cr 的总含量没有显著性差异，样点 NM11、NM13 之间 Cr 的总量没有显著性差异，但 NM10、NM12 处 Cr 的总量显著高于 NM09 处，显著低于 NM11、NM13 处。

6.4.2 黄河上游段底泥中重金属酸溶态含量的差异性分析

取包头段样点为 BT01～BT05 处 8 种重金属元素的酸溶态含量数据进行单因素方差分析与多重比较(表 6.17)。

表 6.17 黄河上游典型区域包头段底泥中重金属酸溶态含量的方差分析与多重比较

样点	铜含量/(mg/kg)	铁含量/(mg/kg)	锰含量/(mg/kg)	镍含量/(mg/kg)
BT01	9.11±0.52a	162.31±44.03	9.05±0.35a	9.56±0.17ab
BT02	6.93±0.18b	128.64±35.09	15.64±0.53b	12.97±2.52ac
BT03	3.13±0.28c	132.71±12.64	9.19±1.93a	17.41±1.68c
BT04	2.69±0.07c	159.48±35.39	8.7±0.25a	7.33±3.26b
BT05	0.96±0.04d	138.09±4.74	8.77±2.34a	9.82±3.96ab
F-值	433.7***	0.79	14.06***	6.45**
样点	锌含量/(mg/kg)	镉含量/(mg/kg)	铬含量/(mg/kg)	铅含量/(mg/kg)
BT01	2.61±0.11ac	0.05±0.01	2.26±0.33ab	0.00±0.00
BT02	3.21±0.40ab	0.05±0.01	5.38±0.08c	1.10±0.41
BT03	3.52±0.04ab	0.08±0.06	4.13±0.08bc	0.53±0.92
BT04	4.35±1.21b	0.02±0.01	6.08±2.69c	1.45±1.17
BT05	1.64±0.65c	0.05±0.03	1.18±0.30a	0.00±0.00
F-值	7.50**	1.59	8.57**	2.68

注：表中数据为平均值±标准差；同列中相同字母表示差异不显著，不同字母表示差异显著；*，**，*** 分别表示 $P<0.05$，$P<0.01$，$P<0.001$。

由表 6.17 可知，重金属元素 Cu、Mn 的还原态含量随样点的不同极具差异性，重金属元素 Ni、Zn、Cr 的酸溶态含量随样点的不同较具差异性，重金属元素 Fe、Cd、Pb 的酸溶态含量随样点的不同不具差异性。样点 BT01、BT03 之间 Cu 的酸溶态含量没有显著性差异，样点 BT03、BT04 之间 Cu 的酸溶态含量没有显著性差异，BT01 处 Cu 的酸溶态含量显著高于 BT02 处，BT02 处 Cu 的酸溶态含量显著高于 BT03、BT04 处，BT03、BT04 处 Cu 的酸溶态含量显著高于 BT05 处。样点 BT01、BT03、BT04、BT05 之间 Mn 的酸溶态含量没有显著性差异，但 BT01、

BT03、BT04、BT05 处 Mn 的酸溶态含量显著低于 BT02 处。样点 BT01、BT02、BT05 之间 Ni 的酸溶态含量没有显著性差异，但 BT01、BT02、BT05 处的 Ni 的酸溶态含量显著低于 BT02 处，显著高于 BT04 处；样点 BT01、BT04、BT05 之间 Ni 的酸溶态含量没有显著性差异，样点 BT02、BT03 之间 Ni 的酸溶态含量没有显著性差异，但 BT01、BT04、BT05 处的 Ni 的酸溶态含量显著低于 BT02、BT03 处。样点 BT01、BT02、BT03 之间 Zn 的酸溶态含量没有显著性差异，BT01、BT02、BT03 处的 Zn 的酸溶态含量显著低于 BT04 处的，显著高于 BT05 处；样点 BT02、BT03、BT04 之间 Zn 的酸溶态含量没有显著性差异，样点 BT01、BT05 之间 Zn 的酸溶态含量没有显著性差异，BT02、BT03、BT04 处 Zn 的酸溶态含量显著高于 BT01、BT05 处。样点 BT01、BT05 之间 Cr 的酸溶态含量没有显著性差异，样点 BT02、BT03、BT04 之间 Cr 的酸溶态含量没有显著性差异，BT01、BT05 处 Cr 的酸溶态含量显著低于 BT02、BT03、BT04 处；样点 BT01、BT03 之间 Cr 的酸溶态含量没有显著性差异，BT01、BT03 处 Cr 的酸溶态含量显著低于 BT02、BT04 处，显著高于 BT05 处。

6.4.3 黄河上游包头段底泥中重金属还原态含量的差异性分析

取包头段样点为 BT01～BT05 处 8 种重金属元素的还原态含量数据进行单因素方差分析与多重比较(表 6.18)。

表 6.18 黄河上游典型区域包头段底泥中重金属还原态含量的方差分析与多重比较

样点	铜含量/(mg/kg)	铁含量/(mg/kg)	锰含量/(mg/kg)	镍含量/(mg/kg)
BT01	11.36±0.10a	401.49±31.45a	16.64±1.87a	6.28±2.30
BT02	8.21±1.39b	463.20±35.74b	25.79±1.23b	8.01±2.21
BT03	13.73±0.03c	255.21±0.30c	14.61±2.03ad	8.05±4.54
BT04	7.32±0.04b	224.92±1.74c	7.58±0.02c	3.47±1.88
BT05	5.05±0.87d	383.60±33.08a	13.45±0.70d	5.68±1.72
F-值	64.97***	45.85***	68.07***	1.45

样点	锌含量/(mg/kg)	镉含量/(mg/kg)	铬含量/(mg/kg)	铅含量/(mg/kg)
BT01	3.50±0.10a	0.00±0.00	3.50±1.02a	0.00±0.00a
BT02	6.11±0.88b	0.25±0.31	9.60±0.77b	1.53±0.52b
BT03	6.06±1.52b	0.38±0.45	12.93±0.44c	1.40±0.21b
BT04	9.54±0.85c	0.00±0.00	8.23±2.01b	1.36±0.17b
BT05	6.75±1.02b	0.30±0.20	2.72±0.21a	0.95±0.38b
F-值	14.26***	1.36	46.37***	11.95***

注：表中数据为平均值±标准差；同列中相同字母表示差异不显著，不同字母表示差异显著；*，**，*** 分别表示 $P<0.05$，$P<0.01$，$P<0.001$。

由表 6.18 可知，重金属元素 Cu、Fe、Mn、Zn、Cr 、Pb 的还原态含量随样点的不同极具差异性。样点 BT02、BT04 之间 Cu 的还原态含量没有显著性差异，BT03 处 Cu 的还原态含量显著高于 BT01 处，BT01 处 Cu 的还原态含量显著高于 BT02、BT04 处，BT02、BT04 处 Cu 的还原态含量显著高于 BT05 处。样点 BT01、BT05 之间 Fe 的还原态含量没有显著性差异，样点 BT03、BT04 之间 Fe 的还原态含量没有显著性差异；BT01、BT05 处 Fe 的还原态含量显著低于 BT02 处，显著高于 BT03、BT04 处。样点 BT01、BT03 之间 Mn 的还原态含量没有显著性差异，BT01、BT03 处 Mn 的还原态含量显著低于 BT02 处，显著高于 BT04、BT05 处；样点 BT03、BT05 之间 Mn 的还原态含量没有显著性差异，但 BT03、BT05 处 Mn 的还原态含量显著低于 BT01、BT02 处，显著高于 BT04 处。样点 BT02、BT03、BT05 之间 Zn 的还原态含量没有显著性差异，但 BT02、BT03、BT05 处 Zn 的还原态含量显著低于 BT04 处，显著高于 BT01 处。样点 BT01、BT05 之间 Cr 的还原态含量没有显著性差异，样点 BT02、BT04 之间 Cr 的还原态含量没有显著性差异，但是 BT02、BT04 处 Cr 的还原态含量显著高于 BT01、BT05 处，显著低于 BT03 处。样点 BT02、BT03、BT04、BT05 之间 Pb 的还原态含量没有显著性差异，BT02、BT03、BT04、BT05 处 Pb 的还原态含量显著高于 BT01 处。

6.4.4　黄河上游包头段底泥中重金属氧化态含量的差异性分析

取包头段样点为 BT01～BT05 处 8 种重金属元素的氧化态含量数据进行单因素方差分析与多重比较(表 6.19)。

由表 6.19 可知，重金属元素 Cu、Fe、Mn 、Zn、Cr 的氧化态含量随样点不同极具有差异性，重金属元素 Ni、Cd 的氧化态含量随样点不同较具差异性，重金属元素 Pb 的氧化态含量随样点的不同不具差异性。样点 BT01、BT02、BT03 之间 Cu 的氧化态含量没有显著性差异，样点 BT04、BT05 之间 Cu 的氧化态含量没有显著性差异，但是 BT01、BT02、BT03 处 Cu 的氧化态含量显著高于 BT04、BT05 处。样点 BT01、BT04 之间 Fe 的氧化态含量没有显著性差异，样点 BT03、BT05 之间 Fe 的氧化态含量没有显著性差异，但是 BT01、BT04 处 Fe 的氧化态含量显著低于 BT02 处，显著高于 BT03、BT05 处。样点 BT01、BT03、BT04 之间 Mn 的氧化态含量没有显著性差异，BT01、BT03、BT04 处 Mn 的氧化态含量显著高于 BT02、BT05 处，BT05 处 Mn 的氧化态含量显著高于 BT02 处，样点 BT01、BT05 之间 Mn 的氧化态含量没有显著性差异，BT01、BT05 处 Mn 的氧化态含量显著低于 BT03、BT04 处，显著高于 BT02 处。样点 BT01、BT04、BT05 之间 Ni 的氧化态含量没有显著性差异，样点 BT02、BT03 之间 Ni 的氧化态含量没有显著性差异，BT01、BT04、

表 6.19　黄河上游典型区域包头段底泥中重金属氧化态含量的方差分析与多重比较

样点	铜含量/(mg/kg)	铁含量/(mg/kg)	锰含量/(mg/kg)	镍含量/(mg/kg)
BT01	9.42±1.59a	246.82±19.53a	26.55±4.46ac	10.47±2.55a
BT02	9.23±0.26a	278.89±4.32b	16.97±1.56b	16.41±1.54b
BT03	9.80±0.02a	218.41±0.22c	29.58±0.19a	16.93±0.32b
BT04	5.69±0.05b	238.87±3.33a	30.22±0.45a	8.29±1.50a
BT05	5.55±0.62b	207.49±8.58c	23.2±0.71c	9.47±3.93a
F-值	22.78***	23.71***	16.63***	9.24**

样点	锌含量/(mg/kg)	镉含量/(mg/kg)	铬含量/(mg/kg)	铅含量/(mg/kg)
BT01	4.85±0.37a	0.05±0.02a	4.70±1.26a	2.25±1.50
BT02	7.38±1.88b	0.05±0.01a	10.67±0.64b	2.28±0.98
BT03	8.48±0.10b	0.30±0.21b	8.26±0.29c	1.10±0.27
BT04	4.32±0.07a	0.00±0.00a	7.10±0.67c	3.33±2.15
BT05	7.57±0.47b	0.47±0.15b	5.00±0.31a	3.23±1.87
F-值	12.81***	9.20**	34.69***	1.07

注:表中数据为平均值±标准差;同列中相同字母表示差异不显著,不同字母表示差异显著;*,**,*** 分别表示 $P<0.05$,$P<0.01$,$P<0.001$。

BT05 处 Ni 的氧化态含量显著低于 BT02、BT03 处。样点 BT01、BT04 之间 Zn 的氧化态含量没有显著性差异,样点 BT02、BT03、BT05 之间 Zn 的氧化态含量没有显著性差异,BT01、BT04 处 Zn 的氧化态含量显著低于 BT02、BT03、BT05 处。样点 BT01、BT02、BT04 之间 Cd 的氧化态含量没有显著性差异,样点 BT03、BT05 之间 Cd 的氧化态含量没有显著性差异,BT01、BT02、BT04 处 Cd 的氧化态含量显著低于 BT03、BT05 处。样点 BT01、BT05 之间 Cr 的氧化态含量没有显著性差异,样点 BT03、BT04 之间 Cr 的氧化态含量没有显著性差异,BT03、BT04 处 Cr 的氧化态含量显著低于 BT02 处,显著高于 BT01、BT05 处。

6.4.5　黄河上游包头段底泥中重金属残渣态含量的差异性分析

取包头段样点为 BT01～BT05 处 8 种重金属元素的残渣态含量数据进行单因素方差分析与多重比较(表 6.20)。

由表 6.20 可知,重金属元素 Cu、Fe、Zn、Pb 的残渣态含量随样点的不同较具有差异性,重金属元素 Mn 的残渣态含量随样点的不同具有差异性,重金属元素 Ni、Cd、Cr 随样点的不同不具有差异性。样点 BT02、BT03、BT04、BT05 之间 Cu 的残渣态含量没有显著性差异,但是 BT02、BT03、BT04、BT05 处 Cu 的残渣态含量显著低于 BT01 处。样点 BT01、BT02、BT03、BT04 之间 Fe 的残渣态含量没有

表 6.20 黄河上游典型区域包头段底泥中重金属残渣态含量的方差分析与多重比较

样点	铜含量/(mg/kg)	铁含量/(mg/kg)	锰含量/(mg/kg)	镍含量/(mg/kg)
BT01	17.51±0.25a	21282.67±952.83a	50.11±5.56a	21.30±11.10
BT02	13.29±0.53b	21058.33±968.84a	39.48±9.52a	27.93±8.03
BT03	11.72±0.11b	22612.00±67.36a	36.51±1.49a	28.69±0.76
BT04	12.30±0.08b	22454.67±383.45a	35.37±1.91a	15.07±6.52
BT05	13.11±2.78b	16660.00±3165.11b	18.46±14.39b	20.70±4.10
F-值	9.65**	7.32**	5.83*	1.93
样点	锌含量/(mg/kg)	镉含量/(mg/kg)	铬含量/(mg/kg)	铅含量/(mg/kg)
BT01	46.66±0.03a	0.26±0.15	25.71±1.16	6.74±1.63a
BT02	54.25±4.23a	0.23±0.13	23.80±2.27	3.91±0.56c
BT03	53.05±1.76a	0.26±0.10	24.96±3.16	1.40±0.22b
BT04	30.52±0.31b	0.26±0.09	19.52±2.88	4.66±1.47c
BT05	48.66±12.59a	0.33±0.08	18.54±5.54	3.86±0.54c
F-值	7.58**	0.34	2.88	10.03**

注：表中数据为平均值±标准差；同列中相同字母表示差异不显著，不同字母表示差异显著；*，**，*** 分别表示 $P<0.05$，$P<0.01$，$P<0.001$。

显著性差异，但是 BT01、BT02、BT03、BT04 处 Fe 的残渣态含量显著高于 BT05 处。样点 BT01、BT02、BT03、BT04 之间 Mn 的残渣态含量没有显著性差异，但是 BT01、BT02、BT03、BT04 处 Mn 的残渣态含量显著高于 BT05 处。样点 BT01、BT02、BT03、BT05 之间 Zn 的残渣态含量没有显著性差异，但是 BT01、BT02、BT03、BT05 处 Zn 的残渣态含量显著高于 BT04 处。样点 BT02、BT04 、BT05 之间 Pb 的残渣态含量没有显著性差异，但 BT02、BT04 、BT05 处 Pb 的残渣态含量显著低于 BT01 处，显著高于 BT03 处。

7 黄河上游典型城市底泥重金属化学形态研究

由于酸溶态重金属与底泥结合最弱，很容易释放到水体，具有最大的移动性和生物有效性，是底泥重金属四种形态中最容易发生污染的形态。重金属的各形态对环境和生命体的危害及毒性程度依次为酸溶态＞还原态＞氧化态＞残渣态。

7.1 黄河上游西宁段底泥重金属的形态分析

取黄河西宁段采样点编号为 QH11、QH12、QH13、QH14、QH15 的数据对底泥中 8 种重金属(Cu、Fe、Mn、Ni、Zn、Cd、Cr 和 Pb)的残渣态、氧化态、还原态和酸溶态的含量进行分析(图 7.1)。

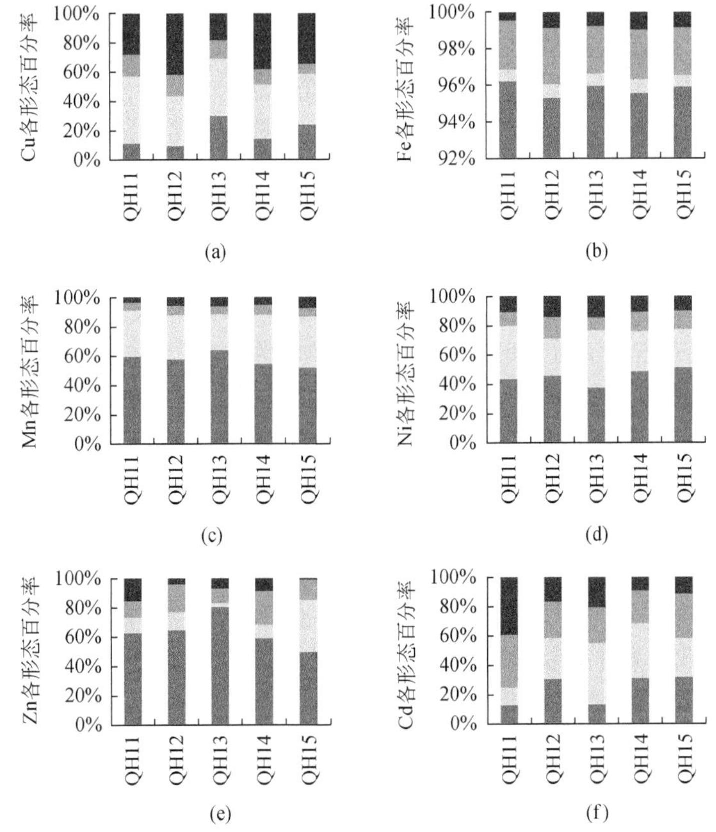

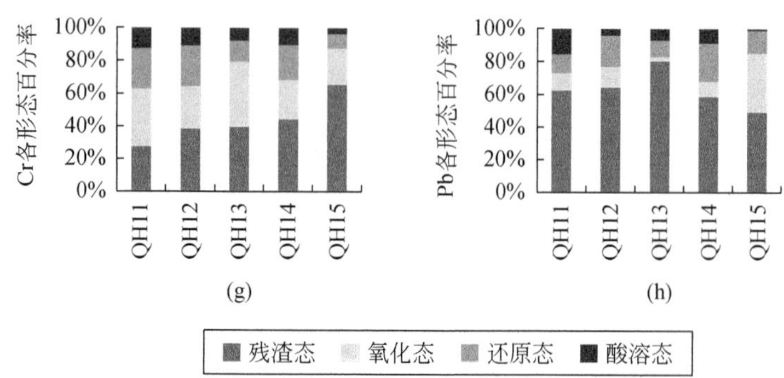

图 7.1　黄河上游西宁段底泥中重金属各形态占总量的百分含量

Fe 的残渣态占总量的 95.3%～96.2%，平均值为 95.8%；氧化态为 0.6%～0.8%，平均值为 0.7%；还原态占总量的 2.6%～3.1%，平均值为 2.8%；酸溶态占总量的 0.7%～1.0%，平均值为 0.8%；Fe 元素的残渣态含量很大，因此 Fe 元素相对较稳定，很难被释放到孔隙水内和污染水体。

Mn 的残渣态占总量的 51.7%～63.7%，平均值为 57.4%；氧化态占总量的 24.6%～35.1%，平均值为 31.1%；还原态占总量的 5.4%～6.7%，平均值为 6.0%；酸溶态占总量的 3.5%～7.3%，平均值为 5.5%。

Zn 的残渣态占总量的 51.7%～71.4%，平均值为 62.1%；氧化态占总量的 8.4%～15.5%，平均值为 13.4%；还原态占总量的 9.3%～27.1%，平均值为 19.3%；酸溶态占总量的 1.3%～8.9%，平均值为 5.1%。

Cr 的残渣态占总量的 27.5%～65.7%，平均值为 43.2%；氧化态占总量的 22.1%～39.5%，平均值为 29.5%；还原态占总量的 8.7%～24.9%，平均值为 18.5%；酸溶态占总量的 3.6%～12.2%，平均值为 8.8%。

Pb 的残渣态占总量的 49.3%～80.4%，平均值为 63.0%；氧化态占总量的 2.7%～35.9%，平均值为 14.3%；还原态占总量的 10.0%～23.3%，平均值为 15.5%；酸溶态占总量的 1.0%～15.4%，平均值为 7.2%。

Cu、Ni、Cd3 种重金属的酸溶态占总量的百分比的平均值分别为 32.0%、11.9%、19.3%。其中 Cu 元素在样点 QH12 处的酸溶态含量高达 41.8%，并且可还原态含量较高，当底泥表层上覆水体具有氧化性时，极有可能释放出来。

综合比较这 8 种重金属的残渣态、氧化态、还原态和酸溶态含量占总量的百分比的大小关系，可以得到这 8 种重金属的环境风险由高到低的顺序依次为：Cu＞Cd＞Ni＞Cr＞Pb＞Mn＞Zn＞Fe。

7.2 黄河上游兰州段底泥重金属的形态分析

取黄河兰州段城市编号为 GS05、GS06、GS07、GS08、GS09 的数据对底泥中 8 种重金属(Cu、Fe、Mn、Ni、Zn、Cd、Cr 和 Pb)的残渣态、氧化态、还原态和酸溶态的含量进行分析(图 7.2)。

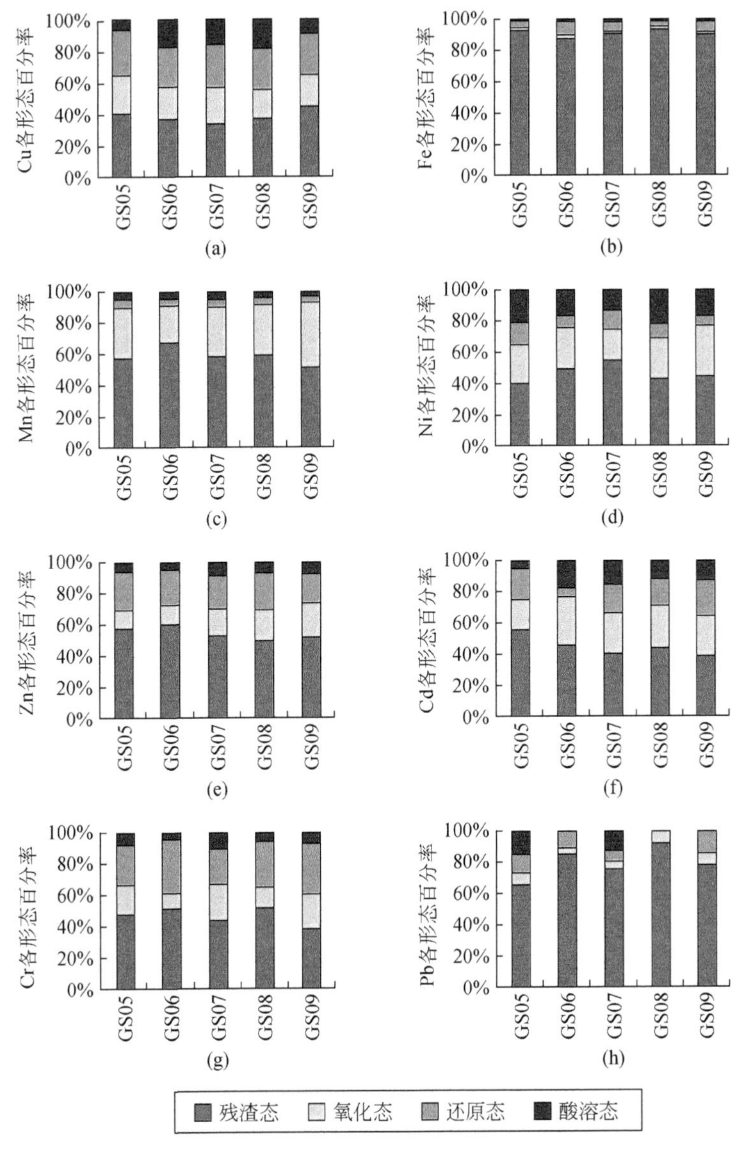

图 7.2 黄河上游兰州段底泥中重金属各形态占总量的百分含量

Fe、Pb 元素大多以残渣态存在，Fe 的残渣态含量占总量的 90.0%～93.3%，平均为 90.8%；酸溶态含量占总量的 1.1%～1.8%，平均为 1.4%；Pb 的残渣态含量占总量的 65.5%～92.1%，均值为 79.2%。因此，Fe、Pb 元素很难通过释放到孔隙水内并进而影响到上覆水的水质。

Mn 的残渣态占总量的 51.1%～67.3%，平均值为 58.5%；氧化态占总量的 23.5%～41.7%，平均值为 32.3%；还原态占总量的 4.0%～5.4%，平均值为 4.8%；酸溶态占总量的 3.2%～5.1%，平均值为 4.4%。

Zn 的残渣态占总量的 49.5%～59.9%，平均值为 54.2%；氧化态占总量的 12.0%～21.9%，平均值为 16.7%；还原态占总量的 18.9%～24.6%，平均值为 22.4%；酸溶态占总量的 4.9%～8.7%，平均值为 4.4%。

Cr 的残渣态占总量的 38.0%～51.2%，平均值为 46.4%；氧化态占总量的 9.8%～23.1%，平均值为 17.4%；还原态占总量的 23.0%～32.8%，平均值为 29.2%；酸溶态占总量的 4.3%～10.3%，平均值为 7.0%。

Cu、Ni、Cd 3 种重金属的酸溶态百分含量的平均值分别为 13.8%、18.1%、12.6%。其中 Cd 元素在样点 GS05 处的酸溶态含量高达 21.1%，并且可还原态含量较高，当底泥表层上覆水具有氧化性时，极有可能释放出来。

综合比较这 8 种重金属的残渣态、氧化态、还原态、酸溶态含量占总量的百分比的大小关系，可以得到这 8 种重金属的环境风险由高到低的顺序依次为：Ni > Cu > Cd > Cr > Zn>Pb>Mn>Fe。

7.3 黄河上游银川段底泥重金属的形态分析

取黄河银川段城市编号为 NX12、NX13、NX14、NX15、NX16 的数据对底泥中 8 种重金属(Cu、Fe、Mn、Ni、Zn、Cd、Cr 和 Pb)的残渣态、氧化态、还原态和酸溶态的百分含量进行分析(图 7.3)。

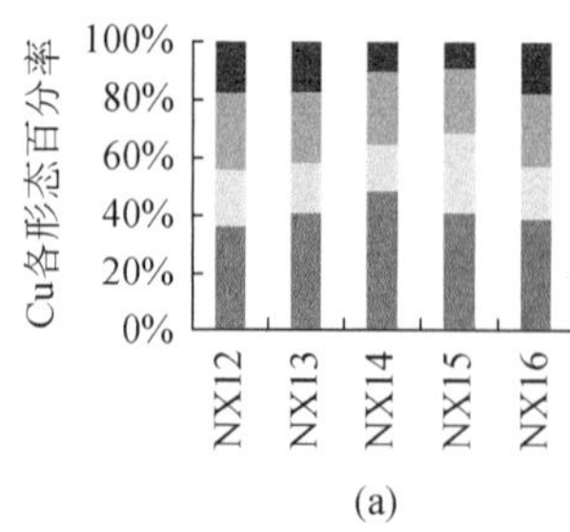

(a)

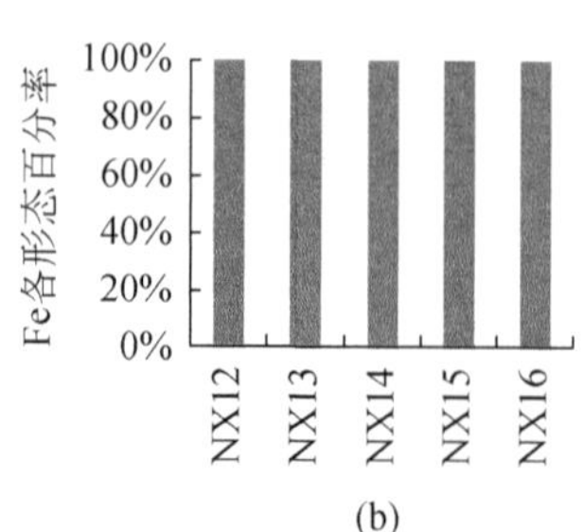

(b)

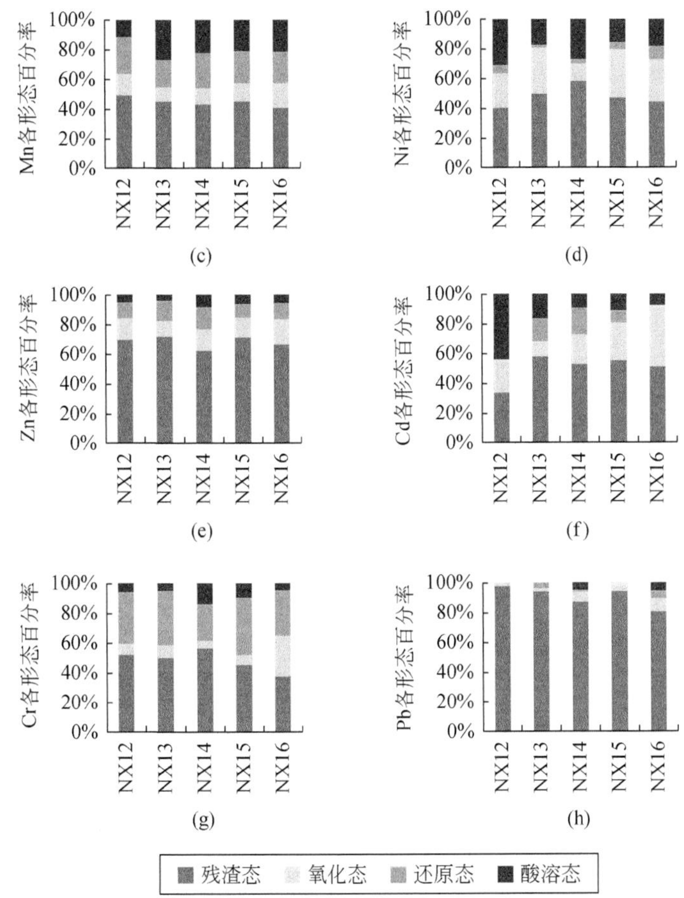

图 7.3 黄河上游银川段底泥中重金属各形态占总量的百分含量

Fe、Pb 元素大多以残渣态存在，Fe 的残渣态占总量的 99.7%～99.8%，平均值为 99.8%；酸溶态占总量的 0.002%～0.007%，平均值为 0.005%；Pb 的残渣态占总量的 87.1%～97.7%，平均值为 90.8%；酸溶态占总量的 0～5.6%，平均值为 2.1%。因此，Fe、Pb 元素很难通过释放到孔隙水内并进而影响到上覆水的水质。

Cu 的残渣态占总量的 36.3%～48.4%，平均值为 41.1%；氧化态占总量的 16.2%～27.6%，平均值为 19.8%；还原态占总量的 22.4%～26.7%，平均值为 24.8%；酸溶态占总量的 9.0%～17.6%，平均值为 14.2%。

Zn 的残渣态占总量的 62.3%～71.7%，平均值为 68.2%；氧化态占总量的 10.6%～17.2%，平均值为 14.1%；还原态占总量的 9.2%～14.8%，平均值为 11.7%；酸溶态占总量的 4.1%～8.4%，平均值为 6.0%。

Cr 的残渣态占总量的 37.5%～56.4%，平均值为 48.2%；氧化态占总量的

5.1%～27.5%，平均值为 11.1%；还原态占总量的 24.5%～38.3%，平均值为 32.8%；酸溶态占总量的 4.8%～14.0%，平均值为 7.9%。

Mn、Ni、Cd 3 种重金属的酸溶态百分含量平均值分别为 20.8%、21.8%、17.7%。其中 Mn 的酸溶态含量百分比最高值在样点 NX13 处达 27.3%，Ni 元素在样点 NX12 处的酸溶态含量高达 30.9%，Cd 元素在样点 NX12 处的酸溶态含量高达 43.9%。

比较这 8 种重金属的残渣态、氧化态、还原态和酸溶态百分含量的大小关系，可以得到这 8 种重金属的环境风险由高到低的顺序依次为：Ni>Mn>Cd>Cu>Cr>Zn>Pb>Fe。

7.4　黄河上游包头段底泥重金属的形态分析

取黄河包头段城市编号为 NM09、NM10、NM11、NM12、NM13 的数据对底泥中 8 种重金属（Cu、Fe、Mn、Ni、Zn、Cd、Cr 和 Pb）的残渣态、氧化态、还原态和酸溶态的百分含量进行分析（图 7.4）。

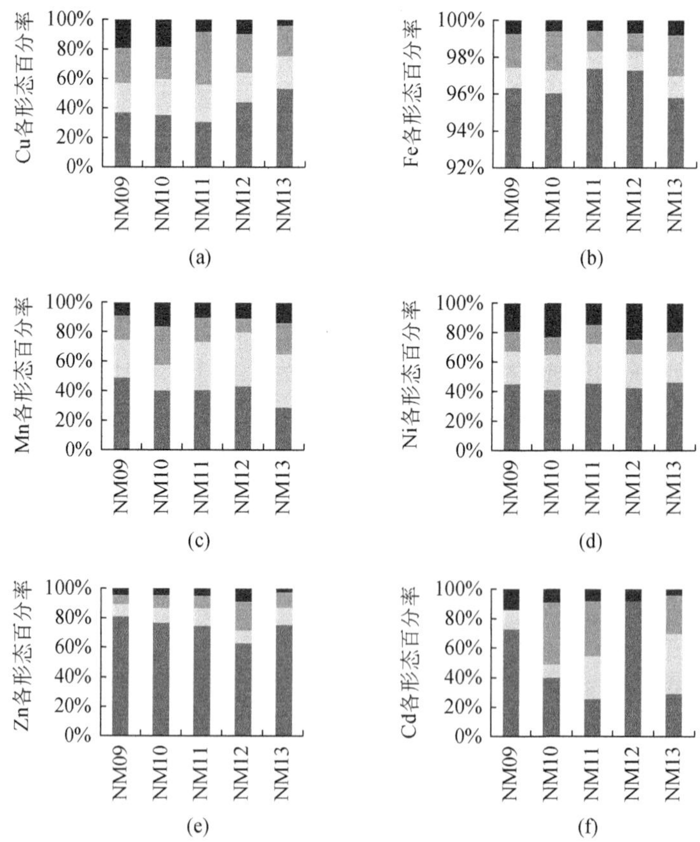

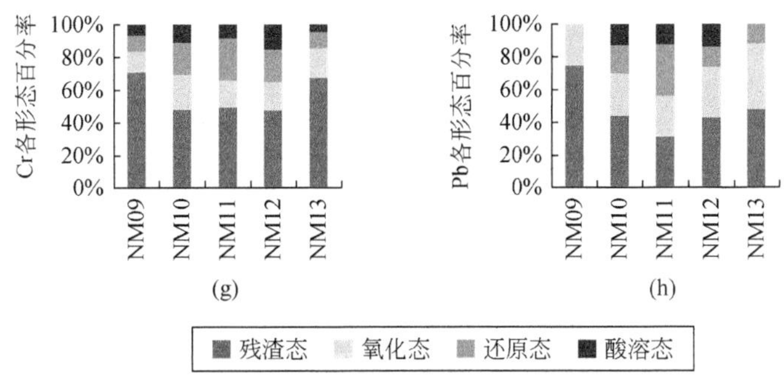

图 7.4 黄河上游包头段底泥中重金属各形态占总量的百分含量

Fe 的残渣态占总量的 95.8%～97.4%，平均值为 96.6%；氧化态占总量的 0.9%～1.3%，平均值为 1.1%；还原态占总量的 1.0%～2.2%，平均值为 1.6%；酸溶态占总量的 0.6%～0.8%，平均值为 0.7%。Fe 元素的残渣态含量很大，因此 Fe 元素相对较稳定，很难被释放到孔隙水内和污染水体。

Zn 的残渣态占总量的 62.6%～81.0%，平均值为 74.0%；氧化态占总量的 8.4%～11.9%，平均值为 10.3%；还原态占总量的 6.1%～19.6%，平均值为 10.6%；酸溶态占总量的 0.6%～0.8%，平均值为 0.7%。

Cd 的残渣态占总量的 29.1%～91.9%，平均值为 51.8%；氧化态占总量的 0～40.7%，平均值为 18.4%；还原态占总量的 0～42.0%，平均值为 21.1%；酸溶态占总量的 4.1%～9.1%，平均值为 8.7%，最大值出现在样点 NM09 处，Cd 的毒性很强，且与颗粒物的结合受 pH 的影响很大，由于 Cd 的酸溶态、还原态和氧化态的含量较大，极有可能通过释放影响到上覆水体的水质。

Cr 的残渣态占总量的 47.7%～71.1%，平均值为 56.8%；氧化态占总量的 13.0%～21.6%，平均值为 17.3%；还原态占总量的 9.7%～25.7%，平均值为 17.0%；酸溶态占总量的 4.3%～14.9%，平均值为 8.9%。

Pb 的残渣态占总量的 31.6%～75.0%，平均值为 48.4%；氧化态占总量的 24.9%～40.2%，平均值为 29.3%；还原态占总量的 0～31.5%，平均值为 14.6%；酸溶态 0～13.5%，平均值为 7.6%。

Cu、Mn、Ni 3 种重金属的酸溶态占总量的百分比平均值分别为 11.9%、11.9%、20.2%。其中 Ni 元素在样点 NM12 处的酸溶态含量高达 24.5%，并且还原态含量较高，当底泥表层上覆水体具有氧化性时，Ni 极有可能释放出来。

综合比较这 8 种重金属的残渣态、氧化态、还原态、酸溶态含量占总量百分比的大小关系，可以得到这 8 种重金属的环境风险由高到低的顺序依次为：Ni>Cu>Mn>Cr>Cd>Pb>Zn>Fe。

8 黄河上游典型城市底泥重金属化学形态差异性分析

在黄河上游西宁段、兰州段、银川段和包头段中分别设多个取样点，测得黄河上游底泥中8种重金属元素（Cu、Fe、Mn、Ni、Zn、Cd、Cr 和 Pb）4种形态（酸溶态、还原态、氧化态和残渣态）的含量，将所得数据采用单因素方差分析与多重比较（ANOVA），对黄河上游典型城市底泥重金属化学形态差异性分析。

8.1 黄河上游底泥中酸溶态重金属的差异性分析

取西宁段、兰州段、银川段和包头段8种重金属元素的酸溶态含量数据进行单因素方差分析与多重比较(表8.1)。

表8.1 黄河上游城市区域底泥中酸溶态重金属的方差分析与多重比较

样点	铜含量/(mg/kg)	铁含量/(mg/kg)	锰含量/(mg/kg)	镍含量/(mg/kg)
西宁段	4.75±1.58a	161.91±63.92a	22.7±7.08a	2.50±0.88a
兰州段	1.85±0.86b	139.00±16.59a	16.03±4.16c	4.53±1.24c
银川段	5.84±2.70a	1.05±0.35b	7.99±3.09b	6.09±2.34c
包头段	4.56±3.11a	144.25±29.43a	10.27±3.02b	11.42±4.26b
F-值	8.58***	63.40***	27.68***	33.64***
样点	锌含量/(mg/kg)	镉含量/(mg/kg)	铬含量/(mg/kg)	铅含量/(mg/kg)
西宁段	2.63±1.45ab	0.22±0.12a	4.39±2.36	0.45±0.29
兰州段	3.66±1.36ab	0.10±0.05b	3.10±2.19	0.45±0.97
银川段	1.36±0.82b	0.11±0.13b	3.42±2.04	0.15±0.22
包头段	3.07±1.08a	0.05±0.03b	3.80±2.17	0.62±0.84
F-值	2.06	8.39***	0.96	1.3

注：表中数据为平均值±标准差；同列中相同字母表示差异不显著，不同字母表示差异显著；*，**，*** 分别表示 $P<0.05$，$P<0.01$，$P<0.001$。

重金属元素 Cu、Fe、Mn、Ni 和 Cd 的酸溶态含量随样点的不同极具差异性，而重金属元素 Zn、Cr 和 Pb 的酸溶态随样点的不同不具差异性。西宁段、银川段和包头段之间 Cu 的酸溶态含量之间没有显著性差异，但是显著高于兰州段；西宁段、兰州段和包头段 Fe 的酸溶态含量之间没有显著性差异，但是显著高于银川段；银川段和包头段 Mn 的酸溶态含量之间没有显著性差异，但是显著低于兰州段，并且西宁段 Mn 的酸溶态含量又显著高于兰州段；兰州段和银川段 Ni 的酸溶态含量之间没有显著性差异，但是显著高于西宁段，显著低于包头段；兰州段、银川段和包头段 Cd 的酸溶态含量之间没有显著性差异，显著低于西宁段。

8.2 黄河上游底泥中还原态重金属的差异性分析

取西宁段、兰州段、银川段和包头段 8 种重金属元素的还原态含量数据进行单因素方差分析与多重比较(表 8.2)。

表 8.2 黄河上游城市区域底泥中还原态重金属的方差分析与多重比较

样点	铜含量/(mg/kg)	铁含量/(mg/kg)	锰含量/(mg/kg)	镍含量/(mg/kg)
西宁段	1.74±0.43a	582.60±81.31a	24.19±4.76a	2.55±0.86a
兰州段	3.45±0.57c	600.27±173.06a	17.67±3.78b	2.56±1.48a
银川段	9.57±2.56b	33.46±13.63c	7.09±0.75c	1.23±1.15a
包头段	9.13±3.23b	345.68±96.41b	15.61±6.23b	6.30±2.90b
F-值	57.73***	91.38***	35.38***	21.44***
样点	锌含量/(mg/kg)	镉含量/(mg/kg)	铬含量/(mg/kg)	铅含量/(mg/kg)
西宁段	10.65±3.22a	0.31±0.08a	8.99±3.58a	1.02±0.38a
兰州段	11.75±3.47a	0.14±0.08b	13.16±4.53b	0.82±0.63a
银川段	5.70±2.12b	0.06±0.06b	14.12±3.57b	0.13±0.18b
包头段	6.39±2.16b	0.19±0.27b	7.40±4.07a	1.05±0.64a
F-值	17.13***	7.18***	9.81***	11.15***

注：表中数据为平均值±标准差；同列中相同字母表示差异不显著，不同字母表示差异显著；*，**，*** 分别表示 $P<0.05$，$P<0.01$，$P<0.001$。

8 种重金属元素 Cu、Fe、Mn、Ni、Zn、Cd、Cr 和 Pb 的还原态含量都随样点的不同极具差异性。银川段和包头段 Cu 的还原态含量之间没有显著性差异，但是显著高于兰州段 Cu 的还原态含量，并且兰州段 Cu 的还原态含量又显著高于西宁段；西宁段和兰州段 Fe 的还原态含量之间没有显著性差异，但是显著高于包头段 Fe 的还原态含量，并且包头段 Fe 的还原态含量又显著高于银川段；兰州段和包头段 Mn 的还原态含量之间没有显著性差异，但是显著低于西宁段，显著高于银川段；西宁段、兰州段和银川段 Ni 的还原态含量之间没有显著性差异，显著低于包头段；西宁段和兰州段 Zn 的还原态含量之间没有显著性差异，银川段和包头段 Zn 的还原态含量之间没有显著性差异，但是西宁段和兰州段 Zn 的还原态含量显著高于银川段和包头段；兰州段、银川段和包头段 Cd 的还原态含量之间没有显著性差异，显著低于西宁段 Cd 的还原态含量；西宁段和包头段 Cr 的还原态含量之间没有显著性差异，兰州段和银川段 Cr 的还原态含量之间没有显著性差异，但是兰州段和银川段 Cr 的还原态含量显著高于西宁和包头段；西宁段、兰州段和包头段 Pb 的还原态含量之间没有显著性差异，但是显著高于银川段。

8.3 黄河上游底泥中氧化态重金属的差异性分析

取西宁段、兰州段、银川段和包头段 8 种重金属元素的氧化态含量数据进行单因素方差分析与多重比较(表 8.3)。

表 8.3 黄河上游城市区域底泥中氧化态重金属的方差分析与多重比较

样点	铜含量/(mg/kg)	铁含量/(mg/kg)	锰含量/(mg/kg)	镍含量/(mg/kg)
西宁段	5.56±0.78a	143.81±19.97a	124.84±27.73a	6.46±0.96a
兰州段	2.74±0.53c	194.37±52.99c	121.76±34.03a	6.45±2.43a
银川段	7.55±1.72b	6.40±3.29d	4.69±0.86c	7.84±3.95a
包头段	7.94±2.08b	238.10±26.95b	25.31±5.39b	12.31±4.23b
F-值	41.58***	157.73***	122.13***	11.46***
样点	锌含量/(mg/kg)	镉含量/(mg/kg)	铬含量/(mg/kg)	铅含量/(mg/kg)
西宁段	7.75±2.88	0.34±0.18a	15.01±7.64a	1.04±1.27a
兰州段	9.02±4.24	0.21±0.06b	7.75±2.88b	0.62±0.42a
银川段	5.59±1.35	0.15±0.09b	4.80±6.95b	0.35±0.32a
包头段	6.52±1.84	0.17±0.21b	7.15±2.36b	2.44±1.53b
F-值	2.54	5.15**	9.68***	12.27***

注：表中数据为平均值±标准差；同列中相同字母表示差异不显著，不同字母表示差异显著；*，**，*** 分别表示 $P<0.05$，$P<0.01$，$P<0.001$。

重金属元素 Cu、Fe、Mn、Ni、Cr 和 Pb 的氧化态含量随样点的不同极具差异性，重金属元素 Cd 的氧化态含量随样点的不同较具差异性，而重金属元素 Zn 的氧化态含量随样点的不同不具差异性。银川段和包头段 Cu 的氧化态含量之间没有显著性差异，但是显著高于西宁段，并且西宁段 Cu 的氧化态含量又显著高于兰州段；包头段、兰州段、西宁段和银川段 Fe 的氧化态含量依次递减；西宁段和兰州段 Mn 的氧化态含量之间没有显著性差异，但是显著高于包头段，并且包头段 Mn 的氧化态含量又显著高于银川段；西宁段、兰州段和银川段 Ni 的氧化态含量之间没有显著性差异，显著低于包头段；兰州段、银川段和包头段 Cd 的氧化态含量之间没有显著性差异，显著低于西宁段；兰州段、银川段和包头段 Cr 的氧化态含量之间没有显著性差异，显著低于西宁段；西宁段、兰州段和银川段 Pb 的氧化态含量之间没有显著性差异，但是显著低于包头段。

8.4 黄河上游底泥中残渣态重金属的差异性分析

取西宁段、兰州段、银川段和包头段 8 种重金属元素的残渣态含量数据进行单因素方差分析与多重比较(表 8.4)。

表 8.4 黄河上游城市区域底泥中残渣态重金属的方差分析与多重比较

样点	铜含量/(mg/kg)	铁含量/(mg/kg)	锰含量/(mg/kg)	镍含量/(mg/kg)
西宁段	2.67±1.59a	20245.00±2264.84a	227.97±8.50a	9.71±2.71a
兰州段	4.90±0.64c	9522.53±2019.15b	215.49±2.16c	11.67±4.28a
银川段	15.64±2.83d	21399.60±342.01a	16.49±2.56d	13.84±6.15a
包头段	13.59±237b	20813.53±2596.85a	35.99±12.61b	22.74±7.92b
F-值	147.18***	119.97***	3173.53***	15.75***

样点	锌含量/(mg/kg)	镉含量/(mg/kg)	铬含量/(mg/kg)	铅含量/(mg/kg)
西宁段	35.68±10.58a	0.26±0.11a	20.13±5.48	4.45±2.52ac
兰州段	28.56±3.12c	0.37±0.10b	20.71±4.10	7.50±2.10b
银川段	33.39±9.06a	0.32±0.11ab	20.87±4.16	5.99±1.93bc
包头段	46.63±10.17b	0.27±0.10a	22.51±4.13	4.12±1.98a
F-值	11.41***	3.304**	0.769	7.88**

注：表中数据为平均值±标准差；同列中相同字母表示差异不显著，不同字母表示差异显著；*，**，*** 分别表示 $P<0.05$，$P<0.01$，$P<0.001$。

重金属元素 Cu、Fe、Mn、Ni 和 Zn 的残渣态含量随样点的不同极具差异性，重金属元素 Cd 和 Pb 的残渣态含量随样点的不同较具差异性，而重金属元素 Cr 的残渣态含量随样点的不同不具差异性。银川段、包头段、兰州段和西宁段 Cu 的残渣态含量依次递减；西宁段、银川段和包头段 Fe 的残渣态含量没有显著性差异，但是显著高于兰州段；西宁段、兰州段、包头段和银川段 Mn 的残渣态含量依次递减；西宁段、兰州段和银川段 Ni 的残渣态含量之间没有显著性差异，显著低于包头段；西宁段和银川段 Zn 的残渣态含量之间没有显著性差异，显著高于兰州段，显著低于包头段；西宁段、银川段和包头段 Cd 的残渣态含量之间没有显著性差异，显著低于兰州段；西宁段和包头段 Cd 的残渣态含量之间没有显著性差异，兰州段和银川段 Cd 的残渣态含量之间没有显著性差异，但是兰州段和银川段 Cd 的残渣态含量显著高于西宁段和包头段；西宁段和包头段之间 Pb 的氧残渣态含量没有显著性差异，但是显著低于银川段，并且银川段 Pb 的残渣态含量又显著低于兰州段；西宁段和包头段 Pb 的氧残渣态含量之间没有显著性差异，兰州段和银川段 Pb 的氧残渣态含量之间没有显著性差异，但是兰州段和银川段 Pb 的氧残渣态含量显著高于西宁段和包头段。

9　黄河上游典型区域底泥重金属污染评价

本章采用污染负荷指数法，来综合评价 8 种重金属元素（Cu、Fe、Mn、Ni、Zn、Cr、Pb 和 Cd）对黄河上游四个省（自治区）（青海省、甘肃省、宁夏回族自治区、内蒙古自治区）典型地区的污染程度。

污染负荷指数是由 Tomlinson 等提出的，可用来评价重金属污染状况（王婕等，2013）。多种重金属对环境污染的贡献以及它们在空间、时间上的沿程变化趋势可以在这种评价方法中体现出来。

1）求某一地点的污染负荷指数 PLI 的方法

根据底泥重金属的含量和各个重金属在区域环境中的背景值求出最高污染系数（CF），然后根据式（9.1）和式（9.2）求出污染负荷指数 PLI。

$$CF_i = C_i / C_{i0} \tag{9.1}$$

式中，CF_i表示重金属 i 的最高污染系数；C_i为底泥中重金属 i 的含量值；C_{i0}为重金属 i 在区域环境下的背景值。

$$PLI = \sqrt[n]{CF_1} \times \sqrt[n]{CF_2} \times \cdots \times \sqrt[n]{CF_n} \tag{9.2}$$

式中，PLI 为某地点的污染负荷指数；n 为评价中总的重金属种类数。

2）求某一污染带或污染流域污染负荷指数 $PLI_{(\mathrm{area})}$ 的方法

$$PLI_{(\mathrm{area})} = \sqrt[x]{PLI_1} \times \sqrt[x]{PLI_2} \times \cdots \times \sqrt[x]{PLI_y} \tag{9.3}$$

式中，$PLI_{(\mathrm{area})}$ 表示某一流域的污染负荷指数；x 为该污染带总共的采样点数目；y 为该流域所包含的污染带数目。污染负荷指数等级划分标准见表 9.1。

表 9.1　污染负荷指数等级划分

项目	PLI			
	<1	1～2	2～3	≥3
污染等级	0	Ⅰ	Ⅱ	Ⅲ
污染程度	无污染	中度污染	强污染	极强污染

9.1　黄河上游青海段底泥重金属污染评价

分别把表 2.1 中的黄河上游青海段底泥中 8 种重金属(Cu、Fe、Mn、Ni、Zn、Cr、Pb 和 Cd)的含量及背景值代入式(9.1),计算出每个采样点在各个重金属污染下的最高污染系数 CF,带入式(9.2)得出各个采样点底泥重金属的污染负荷指数 PLI,带入式(9.3)计算出黄河上游青海段流域的污染负荷指数 $PLI_{(area)}$,计算结果如表 9.2 所示。

表 9.2　黄河上游青海段底泥重金属最高污染系数及污染负荷指数

样点	CF								PLI	污染等级	污染程度	$PLI_{(area)}$
	Cu	Fe	Mn	Ni	Zn	Cr	Pb	Cd				
QH01	1.51	1.36	1.35	0.66	0.90	1.91	0.86	1.57	1.20	Ⅰ	中度	
QH02	1.54	1.55	1.50	0.66	1.01	2.38	1.05	1.77	1.34	Ⅰ	中度	
QH03	1.77	1.34	1.15	1.66	0.85	1.90	1.55	0.77	1.31	Ⅰ	中度	
QH04	1.70	1.20	1.38	1.01	0.86	2.01	0.25	0.44	0.93	0	无	
QH05	1.57	1.42	1.45	1.42	1.00	2.87	1.19	0.81	1.37	Ⅰ	中度	
QH06	1.64	1.25	1.11	1.20	0.98	2.23	0.93	1.43	1.30	Ⅰ	中度	
QH07	1.22	1.32	1.06	0.46	1.04	2.29	0.96	0.88	1.06	Ⅰ	中度	
QH08	0.95	1.35	1.41	0.47	0.91	2.28	1.03	0.41	0.96	0	无	
QH09	0.77	1.26	0.94	0.53	0.77	2.48	0.95	0.57	0.92	0	无	
QH10	0.82	0.85	1.01	0.67	0.87	2.31	1.17	0.40	0.90	0	无	1.16
QH11	0.75	0.87	0.81	1.52	0.66	1.79	0.89	0.98	0.97	0	无	
QH12	0.97	1.07	0.95	1.07	0.81	1.66	0.54	0.33	0.84	0	无	
QH13	1.13	1.16	1.08	0.64	0.95	1.63	0.13	1.19	0.82	0	无	
QH14	1.76	1.35	1.41	1.33	1.02	2.09	1.46	1.64	1.48	Ⅰ	中度	
QH15	1.56	1.30	1.29	1.35	0.96	2.04	0.69	0.69	1.16	Ⅰ	中度	
QH16	1.95	1.36	1.50	2.69	0.91	2.42	0.31	1.52	1.35	Ⅰ	中度	
QH17	1.37	1.60	1.65	1.47	0.99	3.14	2.16	0.63	1.48	Ⅰ	中度	
QH18	3.59	0.73	0.86	1.38	0.74	2.69	1.48	1.31	1.36	Ⅰ	中度	
QH19	1.38	1.53	1.64	0.98	1.07	2.64	1.63	0.40	1.26	Ⅰ	中度	
QH20	2.16	1.74	1.60	1.82	1.46	2.77	1.27	0.68	1.58	Ⅰ	中度	
QH21	1.65	1.30	1.30	1.64	1.02	2.03	0.80	1.05	1.29	Ⅰ	中度	
平均值	1.51	1.28	1.26	1.17	0.94	2.26	1.01	0.93				

黄河上游青海段流域的污染负荷指数 $PLI_{(area)}$ 为 1.16，结合表 9.1 的污染负荷指数等级划分标准，可知黄河上游青海段整体上的污染度级归为Ⅰ级，属于中度污染（1≤PLI<2）。在青海段 21 个采样点中，样点 QH01～QH03、QH05～QH07、QH14～ QH21 的污染负荷指数均在 1～2，结合表 9.1 的污染负荷等级划分，可知这 14 个样点的污染等级为Ⅰ级，属于中度污染（1≤PLI<2）；在其余 7 个样点的污染负荷指数均小于 1，结合表 9.1，可将其余这些样点的污染等级归为 0 级，基本上无污染。各个采样点的污染程度从大到小依次为 QH20>QH17=QH14>QH05>QH18>QH16>QH02>QH3>QH06>QH21>QH19>QH01>QH15>QH07>QH11>QH08>QH04>QH09>QH10>QH12>QH13。其中采样点 QH20 的 PLI 最大，为 1.58，QH13 的 PLI 最小，为 0.82，最大值是最小值的 1.93 倍。

根据黄河上游青海段所有采样点各个重金属的最高污染系数平均值，可以得出其污染程度顺序：Cr>Cu>Fe>Mn>Ni>Pb>Zn>Cd。其中，只有 Zn 和 Cd 的 CF 平均值小于 1，分别为 0.94、0.93，说明它们的含量都比背景值小，几乎没有造成污染。Cr 的 CF 平均值为 2.26，是背景值的 2.26 倍；其中在样点 QH17，Cr 的 CF 平均值为 3.14，与背景值相比其值非常大。说明重金属 Cr 对青海段（黄河流域）的污染最严重，主要是人为活动引起（Ren et al.，2015）。

9.2 黄河上游甘肃段底泥重金属污染评价

分别把表 2.2 中的黄河上游甘肃段底泥中 8 种重金属（Cu、Fe、Mn、Ni、Zn、Cr、Pb 和 Cd）的含量及背景值代入式（9.1），计算出每个采样点重金属最高污染系数 CF，代入式（9.2）得出各个采样点底泥重金属的污染负荷指数 PLI，代入式（9.3）计算出黄河上游甘肃段流域的污染负荷指数 $PLI_{(area)}$，计算结果如表 9.3 所示。

表 9.3 黄河上游甘肃段底泥重金属最高污染系数及污染负荷指数

样点	*CF*								*PLI*	污染等级	污染程度	$PLI_{(area)}$
	Cu	Fe	Mn	Ni	Zn	Cr	Pb	Cd				
GS01	1.14	1.01	0.95	2.05	0.99	2.70	0.54	0.31	1.00	Ⅰ	中度	1.07
GS02	0.64	0.81	0.87	0.26	0.56	1.97	0.50	2.72	0.80	0	无	
GS03	2.25	1.66	1.80	0.94	0.98	3.40	1.24	2.06	1.64	Ⅰ	中度	
GS04	1.13	0.86	0.89	1.29	0.72	1.88	0.98	1.61	1.11	Ⅰ	中度	
GS05	1.15	1.07	1.04	1.39	1.46	3.07	0.85	2.97	1.45	Ⅰ	中度	

续表

样点	CF								PLI	污染等级	污染程度	$PLI_{(area)}$
	Cu	Fe	Mn	Ni	Zn	Cr	Pb	Cd				
GS06	0.79	0.96	1.05	0.63	0.64	2.25	0.49	0.76	0.85	0	无	
GS07	0.68	0.76	0.70	1.13	0.65	2.27	1.69	0.78	0.97	0	无	
GS08	0.86	0.72	0.72	1.02	0.60	1.71	1.52	2.35	1.06	Ⅰ	中度	
GS09	0.86	0.73	0.76	0.84	0.58	1.82	1.09	1.46	0.95	0	无	
GS10	1.15	1.22	1.30	1.25	1.19	3.41	1.38	0.96	1.37	Ⅰ	中度	
GS11	0.64	0.67	0.74	1.01	0.57	2.58	0.57	0.79	0.82	0	无	
GS12	1.16	1.20	1.27	0.77	1.33	3.35	0.76	0.91	1.20	Ⅰ	中度	
GS13	0.61	0.68	0.82	1.47	0.75	3.08	1.19	0.89	1.02	Ⅰ	中度	
GS14	0.77	1.03	1.21	1.42	1.09	4.49	2.24	1.03	1.41	Ⅰ	中度	
GS15	1.01	1.02	1.06	0.98	0.93	2.56	1.42	1.47	1.23	Ⅰ	中度	
GS16	0.67	0.77	0.89	1.52	0.79	2.93	1.05	2.16	1.18	Ⅰ	中度	
GS17	0.99	0.95	1.04	0.90	0.86	2.24	0.92	2.12	1.16	Ⅰ	中度	1.07
GS18	1.42	1.26	1.34	1.29	1.50	3.30	2.51	0.98	1.57	Ⅰ	中度	
GS19	1.33	0.97	0.97	1.36	0.91	2.53	1.25	0.86	1.20	Ⅰ	中度	
GS20	0.86	0.88	0.94	0.50	0.78	2.39	0.60	0.61	0.84	0	无	
GS21	1.01	1.07	1.15	0.83	0.91	3.11	0.66	0.24	0.91	0	无	
GS22	0.91	1.47	1.21	0.14	0.84	3.49	0.64	0.52	0.83	0	无	
GS23	1.02	1.13	1.23	0.43	0.96	2.76	0.21	0.85	0.86	0	无	
GS24	0.78	0.67	0.67	0.99	0.59	1.41	0.75	1.99	0.90	0	无	
GS25	0.61	0.75	0.75	1.01	0.56	1.92	0.11	2.76	0.76	0	无	
GS26	1.28	0.95	0.95	1.68	0.81	2.43	0.80	0.52	1.06	Ⅰ	中度	
GS27	0.78	2.40	2.13	1.74	0.93	3.03	1.07	0.48	1.34	Ⅰ	中度	
GS28	1.91	1.32	1.71	0.55	1.41	3.31	1.08	0.28	1.16	Ⅰ	中度	
平均值	1.01	1.03	1.08	1.05	0.89	2.69	1.00	1.27				

黄河上游甘肃段流域的污染负荷指数 $PLI_{(area)}$ 为 1.07，结合表 9.1 的污染负荷指数等级划分标准，可知黄河上游甘肃段整体上的污染等级归为Ⅰ级，属于中度污染（$1 \leqslant PLI < 2$）。在甘肃段 28 个采样点中，采样点 GS01、GS03～GS05、GS08、GS10、GS12～GS19、GS26～GS28 的污染负荷指数均在 1～2，结合表 9.1 的污染负荷等级划分，可知这 17 个样点的污染等级为Ⅰ级，属于中度污染（$1 \leqslant PLI < 2$）；重金属在其余 11 个样点的污染负荷指数均小于 1，结合表 9.1，可将这些样点的污染等级

归为 0 级，基本上无污染。样点 GS03、GS18、GS5 和 GS14 的 *PLI* 较大，分别为 1.64、1.57、1.45、1.41，而样点 GS02、GS06、GS11、GS20、GS22、GS23 、GS25 的污染负荷指数较小，分别为 0.80、0.85、0.82、0.84、0.83、0.86、0.76。其中，采样点 GS03 的 *PLI* 最大，为 1.64；GS25 的 *PLI* 最小，为 0.76；最大值是最小值的 2.16 倍。

根据黄河上游甘肃段所有采样点各个重金属的最高污染系数平均值，可以得出其污染顺序：Cr＞Cd＞Mn＞Ni＞Fe＞Cu＞Pb＞Zn。其中，只有 Zn 的平均值小于 1，为 0.89，说明重金属 Zn 的含量均小于背景值，未造成污染。重金属 Cu、Fe、Mn、Ni 和 Pb 的 *CF* 均值接近于 1，则这些重金属的含量和背景值相差不多，几乎无污染。重金属元素 Cr 的 *CF* 平均值为 2.69，表明底泥中 Cr 含量是背景值的 2.69 倍，尤其在样点 GS14，Cr 的 *CF* 平均值为 4.49，意味着重金属 Cr 对黄河流域甘肃段的污染最明显，主要由人为活动引起(Shang et al. ,2015a)。

9.3　黄河上游宁夏段底泥重金属污染评价

分别把表 2.3 中的黄河上游宁夏段底泥中 8 种重金属(Cu、Fe、Mn、Ni、Zn、Cr、Pb 和 Cd)的含量及背景值代入式(9.1)，计算出每个采样点各个重金属 *CF* ，代入式(9.2)得出各个采样点底泥重金属的 *PLI*，代入式(9.3)计算出黄河上游宁夏段流域的 $PLI_{(area)}$，计算结果如表 9.4 所示。

表 9.4　黄河上游宁夏段底泥重金属最高污染系数及污染负荷指数

样点	*CF*								*PLI*	污染等级	污染程度	$PLI_{(area)}$
	Cu	Fe	Mn	Ni	Zn	Cr	Pb	Cd				
NX01	1.51	0.97	1.03	1.42	1.10	3.39	1.06	3.05	1.50	Ⅰ	中度	1.15
NX02	1.00	0.94	0.99	1.11	0.82	3.32	0.78	2.26	1.22	Ⅰ	中度	
NX03	1.18	1.04	0.93	1.21	0.83	2.83	1.68	1.07	1.25	Ⅰ	中度	
NX04	0.99	1.05	1.10	1.36	1.56	3.95	0.69	4.14	1.51	Ⅰ	中度	
NX05	0.99	0.88	0.93	1.16	0.77	2.99	0.05	0.60	0.72	0	无	
NX06	1.24	0.95	1.00	0.99	1.07	3.40	1.22	0.13	0.95	0	无	
NX07	1.10	1.02	1.05	1.54	0.93	3.68	0.93	0.90	1.23	Ⅰ	中度	
NX08	0.78	0.79	0.76	0.79	0.70	2.64	0.98	0.58	0.89	0	无	
NX09	0.81	1.17	1.23	0.88	0.87	4.10	0.69	0.25	0.94	0	无	
NX10	0.93	0.91	0.92	0.57	0.80	3.17	4.43	2.98	1.40	Ⅰ	中度	
NX11	1.33	0.99	1.03	1.23	0.87	3.56	1.05	3.11	1.42	Ⅰ	中度	
NX12	1.16	0.95	1.01	1.00	0.82	4.04	1.31	4.46	1.47	Ⅰ	中度	

续表

样点	CF								PLI	污染等级	污染程度	$PLI_{(area)}$
	Cu	Fe	Mn	Ni	Zn	Cr	Pb	Cd				
NX13	1.10	0.85	0.94	1.40	0.78	3.19	0.98	0.95	1.14	Ⅰ	中度	
NX14	1.36	1.03	1.12	0.76	0.74	3.80	0.61	0.31	0.95	0	无	
NX15	0.88	0.75	0.80	0.96	0.75	2.67	1.71	0.64	1.01	Ⅰ	中度	
NX16	0.72	0.73	0.88	1.13	0.77	3.63	0.64	0.42	0.89	0	无	
NX17	1.07	0.81	0.88	1.15	0.73	2.65	0.89	0.54	0.98	0	无	
NX18	1.02	1.29	1.33	1.07	1.01	5.16	0.88	3.69	1.54	Ⅰ	中度	
NX19	1.49	1.14	1.15	1.12	1.19	4.08	0.75	3.37	1.51	Ⅰ	中度	
NX20	1.47	1.06	1.14	1.06	0.96	4.00	1.08	4.18	1.55	Ⅰ	中度	
NX21	1.01	0.93	1.06	0.96	0.83	3.33	0.54	0.56	0.97	0	无	
NX22	1.12	1.26	1.12	0.83	1.01	4.30	2.22	0.41	1.23	Ⅰ	中度	
NX23	1.12	1.26	1.12	0.83	1.01	4.30	2.22	0.41	1.23	Ⅰ	中度	
NX24	0.61	0.57	0.76	1.27	0.54	3.71	0.99	0.86	0.93	0	无	
NX25	0.93	0.90	0.98	0.64	0.75	2.99	0.60	0.61	0.90	0	无	1.15
NX26	1.23	1.04	1.14	1.50	0.92	3.53	0.44	1.14	1.17	Ⅰ	中度	
NX27	1.50	1.13	1.21	1.58	0.96	4.17	0.75	1.26	1.37	Ⅰ	中度	
NX28	1.45	1.07	1.12	1.03	1.01	3.64	0.84	0.66	1.18	Ⅰ	中度	
NX29	1.04	0.79	0.89	1.09	0.82	2.33	0.89	0.90	1.02	Ⅰ	中度	
NX30	1.00	0.85	0.87	1.23	0.72	2.47	1.06	1.03	1.07	Ⅰ	中度	
NX31	1.35	0.90	0.99	1.42	1.28	2.91	1.50	0.70	1.27	Ⅰ	中度	
NX32	1.25	1.04	1.13	1.49	1.10	4.01	0.53	1.16	1.25	Ⅰ	中度	
NX33	0.86	0.75	0.87	1.18	0.62	2.78	1.02	0.79	0.99	0	无	
NX34	1.17	1.14	1.14	1.19	1.04	4.05	1.59	0.62	1.29	Ⅰ	中度	
NX35	1.03	0.98	1.17	1.38	1.26	4.92	1.44	0.57	1.30	Ⅰ	中度	
NX36	0.54	0.51	0.64	1.08	1.58	4.80	1.10	0.85	1.04	Ⅰ	中度	
NX37	1.16	1.13	1.14	1.15	1.04	4.05	1.53	0.62	1.21	Ⅰ	中度	
平均值	1.09	0.96	1.01	1.13	0.93	3.57	1.11	1.39				

黄河上游宁夏段流域的污染负荷指数 $PLI_{(area)}$ 为 1.15，结合表 9.1 的污染负荷指数等级划分标准，可知黄河上游宁夏段整体上的污染等级为Ⅰ级，属于中度污染程度（$1 \leqslant PLI < 2$）。在宁夏段 37 个采样点中，采样点 NX01～NX04、NX07、NX10～NX13、NX15、NX18～NX20、NX22、NX23、NX26～NX32、NX34～NX37

的污染负荷指数在 1～2，结合表 9.1 的污染负荷等级划分，可知这 26 个样点的污染等级为Ⅰ级，属于中度污染（$1 \leqslant PLI < 2$）；在其余 11 个样点的污染负荷指数均小于 1，结合表 9.1，可将这些样点的污染等级归为 0 级，基本上无污染。样点 NX01、NX04、NX18、NX19 和 NX20 的 *PLI* 较大，分别为 1.50、1.51、1.54、1.51 和 1.55，而样点 NX05、NX08、NX16、NX25 的污染负荷指数较小，分别为 0.72、0.89、0.89、0.90。其中，采样点 NX20 的 *PLI* 最大，为 1.55；NX05 的 *PLI* 最小，为 0.72；最大值是最小值的 2.15 倍。

根据黄河上游宁夏段所有采样点各个重金属的最高污染系数平均值，可以得出其污染程度顺序：Cr>Cd>Ni>Pb>Cu>Mn>Fe>Zn。其中，只有 Zn 和 Fe 的平均值小于 1，为 0.93、0.96，说明重金属 Zn 和 Fe 的含量均小于背景值，未造成污染。重金属 Cu 和 Mn 的 *CF* 均值接近于 1，说明它们对环境几乎构不成污染。重金属 Cr 的 *CF* 平均值为 3.57，沉积物是背景值的 3.57 倍，在样点 NX18 处，Cr 的 *CF* 平均值为 5.16，说明重金属 Cr 对黄河流域宁夏段的污染比较严重，主要由人为活动引起（Shang et al.，2015a）。

9.4 黄河上游内蒙古段底泥重金属污染评价

分别把表 2.4 中的黄河上游内蒙古段底泥中 8 种重金属（Cu、Fe、Mn、Ni、Zn、Cr、Pb 和 Cd）的含量及背景值代入式(9.1)，计算出每个采样点各个重金属的 *CF*，并代入式(9.2)，得出各个采样点底泥重金属的 *PLI* 并代入式(9.3)，计算出黄河上游内蒙古段流域的污染负荷指数 $PLI_{(area)}$，计算结果如表 9.5 所示。

表 9.5 黄河上游内蒙古段底泥重金属最高污染系数及污染负荷指数

样点	*CF*								*PLI*	污染等级	污染程度	$PLI_{(area)}$
	Cu	Fe	Mn	Ni	Zn	Cr	Pb	Cd				
NM01	1.64	0.91	1.10	1.51	0.72	2.25	1.29	0.68	1.17	Ⅰ	中度	1.10
NM02	1.32	1.04	1.28	1.23	0.69	2.80	0.64	1.82	1.22	Ⅰ	中度	
NM03	1.49	1.11	1.21	0.49	0.64	2.45	1.62	1.15	1.14	Ⅰ	中度	
NM04	0.79	0.92	1.03	0.54	0.65	2.81	0.49	0.30	0.76	0	无	
NM05	2.15	1.15	1.36	1.47	0.85	2.58	2.19	1.98	1.62	Ⅰ	中度	
NM06	2.64	1.50	1.66	2.13	1.21	3.73	0.35	3.02	1.69	Ⅰ	中度	
NM07	1.09	0.95	1.14	1.14	0.84	2.47	1.27	3.36	1.36	Ⅰ	中度	
NM08	0.66	0.91	1.06	0.91	0.61	2.62	1.25	0.81	0.99	0	无	
NM09	0.99	0.86	0.98	0.82	0.78	2.13	0.20	0.78	0.81	0	无	
NM10	1.00	1.13	1.29	0.98	0.68	2.77	0.83	0.32	0.96	0	无	

续表

样点	CF								PLI	污染等级	污染程度	$PLI_{(area)}$
	Cu	Fe	Mn	Ni	Zn	Cr	Pb	Cd				
NM11	1.88	1.18	1.31	1.92	0.93	3.51	0.99	0.37	1.27	Ⅰ	中度	1.10
NM12	1.73	1.09	1.15	1.38	0.99	2.58	1.06	0.83	1.27	Ⅰ	中度	
NM13	0.60	0.66	0.86	1.52	0.55	3.74	1.33	0.61	0.98	0	无	
NM14	0.85	0.89	1.00	1.26	0.61	2.62	0.57	0.35	0.86	0	无	
NM15	1.58	1.01	1.09	1.34	0.75	2.53	1.40	1.00	1.26	Ⅰ	中度	
NM16	1.09	0.71	0.81	1.54	0.53	1.67	0.61	0.91	0.91	0	无	
NM17	1.16	1.03	1.26	1.55	0.67	2.10	0.07	0.84	0.81	0	无	
NM18	1.16	1.00	1.22	1.96	0.74	3.78	1.29	0.40	1.19	Ⅰ	中度	
NM19	0.80	0.78	0.87	1.02	0.56	1.66	0.86	0.79	0.88	0	无	
NM20	1.26	0.98	1.17	0.27	0.57	2.54	1.32	0.76	0.93	0	无	
NM21	1.74	0.98	1.10	1.51	0.72	2.41	1.46	0.96	1.27	Ⅰ	中度	
NM22	1.80	1.30	1.59	1.31	1.11	3.05	1.32	1.12	1.49	Ⅰ	中度	
NM23	0.97	1.02	1.23	0.85	0.67	2.71	0.56	0.84	0.98	0	无	
NM24	1.00	0.81	0.99	1.72	0.72	2.08	0.82	0.72	1.02	Ⅰ	中度	
NM25	1.16	0.75	0.87	1.45	0.60	1.82	1.14	0.87	1.02	Ⅰ	中度	
NM26	1.19	0.71	0.85	1.24	0.50	2.06	1.22	0.62	0.96	0	无	
NM27	0.94	1.11	1.22	1.62	0.65	3.55	1.42	3.60	1.49	Ⅰ	中度	
NM28	1.63	1.16	1.32	1.52	0.90	2.86	1.10	1.16	1.37	Ⅰ	中度	
NM29	1.21	0.72	0.89	0.77	0.59	2.06	0.76	0.19	0.75	0	无	
NM30	1.74	0.95	1.04	1.18	0.76	2.26	2.68	0.37	1.17	Ⅰ	中度	
NM31	1.52	0.96	1.03	1.69	0.94	2.06	1.41	0.44	1.15	Ⅰ	中度	
NM32	1.48	0.86	0.95	1.04	0.61	2.31	1.63	2.59	1.29	Ⅰ	中度	
NM33	0.86	1.32	1.15	0.68	0.65	2.99	1.27	2.02	1.21	Ⅰ	中度	
NM34	1.51	0.97	1.14	1.30	0.70	2.70	1.22	3.45	1.43	Ⅰ	中度	
NM35	1.21	0.89	1.18	1.84	0.83	2.16	1.65	0.69	1.22	Ⅰ	中度	
NM36	1.38	1.09	1.27	0.39	0.86	2.76	0.85	0.57	0.98	0	无	
NM37	1.05	0.95	1.15	0.39	0.60	2.12	0.41	0.83	0.81	0	无	
NM38	0.86	1.32	1.15	0.68	0.65	2.99	1.27	2.02	1.21	Ⅰ	中度	
平均值	1.30	0.98	1.13	1.23	0.73	2.58	1.10	1.14				

黄河上游内蒙古段流域的污染负荷指数 PLI 值为 1.10，结合表 9.1 的污染负荷指数等级划分标准，可知黄河上游内蒙古段整体上的污染等级为Ⅰ级，属于中度污染程度($1 \leqslant PLI < 2$)。在内蒙古段 38 个采样点中，采样点 NM01～NM03、NM05～NM07、NM11、NM12、NM15、NM18、NM21、NM22、NM24、NM25、

NM27、NM28、NM30～NM35、NM38 的污染负荷指数在 1～2，结合表 9.1 的污染负荷等级划分，可知这 23 个样点的污染等级为 Ⅰ 级，属于中度污染（$1 \leqslant PLI < 2$）；其余 15 个样点的污染负荷指数均小于 1，结合表 9.1，可将这些样点的污染等级归为 0 级，基本上无污染。样点 NM05、NM06、NM22 和 NM27 的 *PLI* 较大，分别为 1.62、1.69、1.49 和 1.49，而样点 NM04、NM09、NM17、NM29 和 NM37 的污染负荷指数较小，分别为 0.76、0.81、0.81、0.75 和 0.81。其中，采样点 NM06 的 *PLI* 最大，为 1.69；NM29 的 *PLI* 最小，为 0.75；最大值是最小值的 2.25 倍。

根据黄河上游内蒙古段所有采样点各个重金属的最高污染系数平均值，可以得出其污染程度的顺序：Cr＞Cu＞Ni＞Cd＞Mn＞Pb＞Fe＞Zn。其中，只有 Zn 和 Fe 的平均值小于 1，分别为 0.73 和 0.98，说明重金属 Zn 和 Fe 的含量均小于背景值，未造成污染。Pb 的 *CF* 均值接近于 1，说明它对环境几乎构不成污染。重金属 Cr 的 *CF* 平均值为 2.58，沉积物是背景值的 2.58 倍，其中在样点 NM18，Cr 的 *CF* 平均值为 3.78，远超背景值，说明重金属 Cr 对黄河流域内蒙古段的污染最严重，可能是由于受人为活动的影响。

参考文献

陈豪，左其亭，窦明．2014. 河流底泥重金属污染研究进展．人民黄河，5(36):71-25.

陈静生，王飞越，宋吉杰，等．1996. 中国东部河流沉积物中重金属含量与沉积物主要性质的关系．环境化学，15(1)：8-14.

陈松，黄淑玲，孙林华，等．2011. 安徽宿州市沱河底泥中重金属元素地球化学特征．地球与环境，39(3)：331-337.

樊庆云．2008. 黄河包头段沉积物重金属的生物有效性研究．呼和浩特：内蒙古大学博士学位论文．

范成新，朱育新，吉志军，等．2002. 太湖宜溧河水系沉积物的重金属污染特征．湖泊科学，14(3)：235-241.

范文宏，张博，陈静生，等．2006. 锦州湾沉积物中重金属污染的潜在生物毒性风险评价．环境科学学报，26(6)：1000-1005.

方盛荣，徐颖，魏晓云，等．2009. 典型城市污染水体底泥中重金属形态分布和相关性．生态环境学报，18(6)：2066-2070.

方涛，徐小清．2007. 应用平衡分配法建立长江水系沉积物金属相对质量基准．长江流域资源与环境，(4)：114-118.

宫凯悦．2014. 松花江哈尔滨段河流底泥重金属污染及内源释放规律研究．哈尔滨：哈尔滨工业大学硕士学位论文．

郭路．2005. 陕西潼关金矿区河流重金属污染研究．西安：长安大学硕士学位论文．

韩富涛．2014. 河流底泥重金属污染与释放特征研究．合肥：安徽建筑大学硕士学位论文．

何光俊，李俊飞，谷丽萍，等．2007. 河流底泥的重金属污染现状及治理进展．水利渔业，27(5)：60-62.

黄亮，李伟，吴莹，等．2001. 长江中游若干湖泊中水生植物体内重金属分布．环境科学研究，15(6)：1-4.

季斌，杭小帅，梁斌，等．2013. 湖泊沉积物重金属污染研究进展．污染防治技术，26(5)：33-40.

贾广宁．2004. 重金属污染的危害与防治．有色矿冶．20(1)：39-42.

蒋万祥，赖子尼，彭松耀，等．2010. 2008年珠江口表层沉积物重金属含量及生态危害评价．淡水渔业，40(5)：37-42.

金相灿，徐南妮，张雨国，等. 1992. 沉积物污染化学. 北京：中国环境科学出版社：300-326.

李功振．2009. 京杭大运河(苏北段)底泥重金属污染与释放规律研究．北京：中国矿业大学博士学位论文．

李广云，曹永富，赵书民，等．2011. 土壤重金属危害及修复措施．山东林业科技，(6)：96-101.

李军．2008. 湘江长株潭段底泥重金属污染分析与评价．长沙：湖南大学硕士学位论文．

李鱼，刘亮，董德明，等．2003. 城市河流淤泥中重金属释放规律的研究．水土保持学报，17(1)：125-127.

刘芳文，颜文，黄小平，等. 2000. 珠江口沉积物中重金属及其相态分布特征．热带海洋学报，22(5)：17-24.

刘永丽．2012. 小清河济南段底泥沉积物中重金属形态分析及分布研究．济南：山东大学硕士学位论文．

罗琳，宋进喜，王颖．2013. 渭河陕西段河床沉积物重金属污染分析．北京师范大学学报(自然科学版)，49(1)：79-84.

邱鸿荣．2012. 西南涌及支流大塱涡涌表层底泥重金属污染特征与潜在生态风险研究．广州：广东工业大学硕士学位论文．

任朝亮，宋进喜，王珍，等．2014. 渭河底泥有机质的空间分布及与其他污染物相关性．干旱区资源与环境，28(3)：123-128.

单丽丽，袁旭音，茅昌平，等．2008. 长江下游不同源沉积物中重金属特征及生态风险．环境科学，29(9)：2399-2404.

孙花．2012. 湘江长沙段土壤和底泥重金属污染及其生态风险评价．长沙：湖南师范大学硕士学位论文．

孙振军．2010. 青格达湖北段底泥中重金属分布规律研究．新疆大学学报(自然科学版)，27(3)：363-367.

汤红亮．2006. 里运河底泥重金属释放实验研究．南京：河海大学硕士学位论文．

王海，王春霞，王子健，等. 2002. 太湖表面沉积物中重金属的形态分析. 环境化学，21(5)：430-435.

王婕，刘桂建，方婷，等. 2013. 基于污染负荷指数法评价(安徽段)底泥中重金属污染研究. 中国科学技术大学学报，43(2)：97-103.

王岚，王亚平，许春雪，等．2012. 长江水系表层沉积物重金属污染特征及生态风险性评价．环境科学，33(8)：2599-2606.

王淑英，马啸华．2005. 土壤重金属污染的危害及修复．商丘师范学院学报，21(5)：122-125.

王晓，韩宝平．2006. 徐州市区故黄河底泥重金属污染研究．环境科学与技术，(11)：98-101.

王勇．2006. 底泥中营养物质及其他污染物释放机理综述．工业安全与环保，32(9)：27-30.

文湘华．1993. 水体沉积物重金属质量基准研究．环境化学，(5)：23-27.

谢娟，孙韵，杨育娟，等．2012. 某河流底泥重金属污染地质累积指数评价．黄金，33(12)：53-55.

徐瑞祥．2002. 城市尺度人居环境质量评价及预警研究．南京：南京大学．52-69.

翟雨翔，葛淼．2009. 水系沉积物重金属研究进展．江西农业学报，21(1)：127-130.

张亚南．2013. 黄河口、长江口、珠江口及其邻近海域重金属的河口过程和沉积物污染风险评价. 厦门：国家海洋局第三海洋研究所硕士学位论文．

张智，魏忠庆．2006. 城市人居环境评价体系的研究与应用．生态环境，15(1)：198-201.

赵宏英．2008. 湘江株洲至长沙段底泥重金属的分布与水质预测模型．长沙：湖南农业大学硕士学位论文．

赵一阳，鄢明才．1994. 中国浅海沉积物地球化学．北京:科学出版社．

朱嵬，李志刚，李健，等．2013. 宁夏黄河流域湖泊湿地底泥重金属污染特征及生态风险评价．中国农学通报，29(35)：281-288.

Antsch S, Hochener I P, Benoitg P, et al. 1990. Chemical processes at the sediment water interface. Marine Chemistry, 30(13): 269-315.

Calmanl W, Ahlf W, Forster U. 1995. Sediment Quality Assessment: Chemical and Biological Approaches. Berlin: Springer.

Ingemar R, Richard B, Emily B, et al. 2001. Sediment evidence of early eutroPhication and heavy metal pollution of Lake Malaren, Central Sweden. Ambio, 30(8): 496-502.

Lin J G, Chen S Y. 1998. The relationship between adsorption of heavy metal and organic matter in fiver sediments. Environment International, 24(4): 345-352.

Lu W J, Wang H T. 2008. Role of rural solid waste management in non-point source pollution control of Dianchi Lake catchments, China. Frontiers of Environmental Science & Engineering in China, 12(1): 145-148.

Mudroch A, Azcue J M. 1995. Manual of Aquatic Sediments Sampling. Boca Raton: Lewis Publication: 1-20.

Ren J, Shang Z, Tao L, et al. 2015 Multivariate analysis and heavy metals pollution evaluation in surface sediments from Qinghai section of Yellow River, China. Journal of Environmental Sciences, 3(24): 1041-1048.

Rieumont S O, Rosa D, Lima L, et al. 2005. Assessment of heavy metal levels in Almendares River sediments-Havana City, Cuba. Water Research, 39(16): 3945-3953.

Segura R, Arancibia V. 2006. Distribution of copper, zinc, lead and cadmium concentrations in stream sediments from the Mapocho River in Santiago, Chile. Journal of geochemical exploration, 91(13): 71-80.

Shang Z, Ren J, Tao L, et al. 2015a. Assessment of heavy metals in surface sediments from Gansu Section of Yellow River, China. Environment Monitor Assessment, 187: 79-89.

Shang Z, Ren J, Zhao Y Q, et al. 2015b. Distribution, fraction and pollution assessment of metals in surface sediments from Yinchuan Section of Yellow River, China. Fresenius Environmental Bulletin, 24(12): 4485-4491.

Taylor S E, Birch G F. 1996. The environmental implications of readily resuspended contaminated estuarine sediments//30th Intenational Geological Congress Abstract, Beijing, 12(3): 424-426.

Varol M, Bulent S. 2012. Assessment of nutrient and heavy metal contamination in surface water and sediments of the upper Tigris River, Turkey. Catena, 5(92): 1-10.